文本及格式的替换

图片选取

制作学生健康登记表

批量制作邀请函

人员信息表的美化

数据的分类汇总

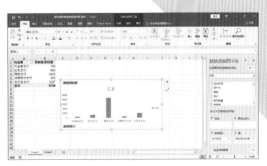

制作课程销售数据透视图

创建网店销量分析图表

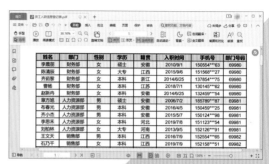

将数据表转换为 PDF 文档

制作保护野生动物宣传文稿

添加演示文稿动画效果

制作项目初步方案研讨演示文稿

制作旅行日记演示文稿

新应用 真实战 全案例 信息技术应用新形态立体化丛书

Office 2016

高级应用
案例教程

主编 何兰 喻小萍

副主编 黄永生 赖军辉 刘淑娟

视频指导版

人民邮电出版社

北京

图书在版编目（ＣＩＰ）数据

Office 2016高级应用案例教程：视频指导版 / 何
兰，喻小萍主编. -- 北京：人民邮电出版社，2022.10（2023.10重印）
（新应用·真实战·全案例：信息技术应用新形态
立体化丛书）
ISBN 978-7-115-58771-8

Ⅰ. ①O… Ⅱ. ①何… ②喻… Ⅲ. ①办公自动化－应
用软件－高等学校－教材 Ⅳ. ①TP317.1

中国版本图书馆CIP数据核字(2022)第036164号

内 容 提 要

本书以实际应用为写作目的，围绕 Office 2016 软件展开介绍，遵循由浅入深、从理论到实践的原则对内容进行讲解。全书共 13 章，依次介绍了学好 Office 很重要、常见文档的编辑、文档的编排与美化、Word 表格的应用、长文档的编辑、日常报表的制作、公式与函数的应用、数据的分析与处理、图表的创建与编辑、报表的打印与输出、幻灯片的创建与编辑、动画效果的设计与展示、幻灯片的放映与输出等内容。本书在讲解理论知识的同时，介绍了大量的实操案例，以帮助读者更好地掌握所学知识并达到学以致用的目的。

本书可作为普通高等学校 Office 高级应用相关课程的教材，也可作为职场人员提高 Office 办公技能的参考书。

- ◆ 主　　编　何　兰　喻小萍
　　副 主 编　黄永生　赖军辉　刘淑娟
　　责任编辑　李晓雨
　　责任印制　王　郁　陈　犇
- ◆ 人民邮电出版社出版发行　　北京市丰台区成寿寺路 11 号
　　邮编　100164　电子邮件　315@ptpress.com.cn
　　网址　https://www.ptpress.com.cn
　　涿州市京南印刷厂印刷
- ◆ 开本：787×1092　1/16　　　　　　插页：1
　　印张：13.5　　　　　　　　　　2022 年 10 月第 1 版
　　字数：406 千字　　　　　　　　2023 年 10 月河北第 2 次印刷

定价：59.80 元

读者服务热线：(010)81055256　印装质量热线：(010)81055316
反盗版热线：(010)81055315
广告经营许可证：京东市监广登字 20170147 号

前 言
PREFACE

对于职场人员来说，熟练使用 Office 办公软件是最基本的职业技能要求之一，尤其是 Word、Excel 和 PowerPoint 这三大办公组件。通常，利用 Word 可以制作一些常用文档，如策划书、合同、通知书、简历、协议等；利用 Excel 可以制作各种类型的报表，如考勤表、员工信息表、工资表、销售报表、采购报表等，还可以对表格中的数据进行处理与分析；利用 PowerPoint 可以制作辅助教学和演讲的演示文稿，如制作课程教学、工作汇报、论文答辩、企业宣传、环保宣传等演示文稿。

基于此，我们深入调研了多所本科院校的教学需求，组织了一批优秀且具有丰富教学经验和实践经验的教师编写了本书。本书以"学以致用"为原则搭建内容框架，以"学用结合"为依据精选案例，旨在帮助各类院校培养优秀的技能型人才。

■ 本书特点

本书在结构安排及写作方式上具有以下几大特点。

（1）立足高校教学，实用性强

本书以高校教学需求为创作背景，结合全国计算机等级考试需求，以考试大纲为蓝本，对 Office 软件的操作方法进行了详细的讲解。本书以理论与实操相结合的方式，从易讲授、易学习的角度出发，帮助读者快速掌握 Office 2016 三大组件的应用技能。

（2）结构合理紧凑，体例丰富

本书在每个章节中穿插了大量的**实操案例**，除第 1 章外，其余各章结尾处均安排了"**实战演练**"和"**疑难解答**"的内容，其目的是帮助读者巩固本章所学知识，提高操作技能。书中还穿插了"**应用秘技**"和"**新手提示**"两个小栏目，以拓展读者的思维，使读者"知其然，也知其所以然"。

（3）案例贴近职场，实操性强

书中的实操案例取自企业真实案例，具有一定的代表性，旨在帮助读者学习相关理论知识后，能将该知识点运用到实际操作中，既满足院校对 Office 2016 软件的应用需求，还符合企业对员工办公技能的要求。

■ 配套资源

本书配套以下资源。

（1）案例素材及教学课件

书中所有案例的素材及教学课件均可在人邮教育社区（www.ryjiaoyu.com）下载。

（2）视频演示

本书涉及的案例操作均配有高清视频讲解，读者只需扫描书中的二维码，便可以观看视频。

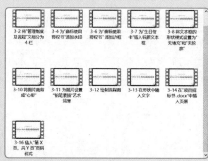

（3）相关资料

本书提供 Office 日常办公模板、操作技能演示 GIF 动图、模拟试题、专题视频等资料。

（4）作者在线答疑

作者团队具有丰富的实战经验，可以在线为读者答疑解惑。读者在学习过程中如有任何疑问，可加入 QQ 群（626446137）与作者交流联系。

编者

2022 年 5 月

CONTENTS 目 录

第1章

学好 Office 很重要

　　职场人员经常会用 Office 软件来处理各项事务，如行政人员需要使用 Word 来制作规章制度文档、财会人员需要使用 Excel 来处理各种报表数据、设计人员需要使用 PowerPoint 来展示设计成果等。所以，熟练掌握 Office 软件已成为进入职场的一个必备条件。本章将对 Office 办公软件进行概括性介绍。希望通过学习这些内容，读者能对 Office 软件有一个较全面的认识，从而为后续的学习奠定良好的基础。

1.1 初识 Microsoft Office

　　Microsoft Office 是微软公司开发的一套办公软件，由多个办公组件组成，其中 Word、Excel、PowerPoint 这三大组件在日常办公中经常会使用到。下面将以 Word 软件为例，简单介绍一下 Microsoft Office 办公软件的基本应用。

1.1.1　Microsoft Office 操作界面

　　打开一个 Word 文档，随即会进入其操作界面，如图 1-1 所示。该操作界面大致由 5 个部分组成，分别为标题栏、功能区、编辑区、状态栏及"文件"选项卡。

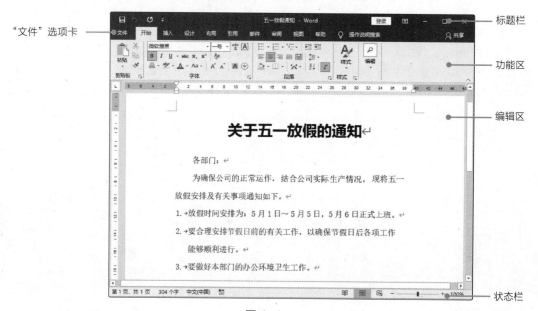

图 1-1

1. 标题栏

　　标题栏位于操作界面的最上方，由快速访问工具栏、标题名称、窗口控制按钮 3 个部分组成。

　　默认情况下，快速访问工具栏包含"保存""撤消""恢复"3 个按钮。单击该工具栏右侧的下拉按钮❶，在"自定义快速访问工具栏"下拉列表中选择所需选项，如选择"打印预览和打印"选项❷，即可将其添加到快速访问工具栏中，如图 1-2 所示。

　　标题栏中间则显示文档的标题，默认以"文档 1"命名（Excel 默认以"工作簿 1"命名，PowerPoint 默认以"演示文稿 1"命名）。标题栏右侧显示的是窗口控制按钮，单击这些按钮可对窗口进行最大化、最小化及关闭操作。

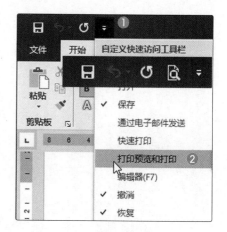

图 1-2

2. 功能区

　　默认情况下，功能区由开始、插入、设计、布局、引用、邮件、审阅、视图及帮助 9 个选项卡组成。每个选项卡中又包含多个选项组，同类别的操作命令通常集中在同一个选项组中。

应用秘技

当在文档中选择图片、图形、表格或图表时，功能区中会显示相应的动态选项卡，以便用户进行更详细的编辑操作，如图1-3所示。

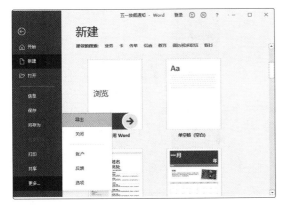

图 1-3

3. 编辑区

编辑区位于操作界面的中心位置，是主要的工作区域。用户在此区域中可进行文档的录入、编辑，图片、图形、表格的插入与美化等操作。

4. 状态栏

状态栏位于操作界面的最下方，会显示出当前文档的页码、文档字数、语言状态、文档视图及文档显示比例。

5. "文件"选项卡

利用"文件"选项卡可对文档进行新建、打开、保存、打印、共享、导出、关闭等基本操作，如图1-4所示。此外，在打开的对话框中，用户还可以对软件及文档属性进行更为详细的设置，如图1-5所示。

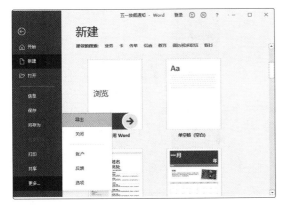
图 1-4

图 1-5

应用秘技

在Microsoft Office中选中某文本时，该文本上方会显示浮动面板。在此浮动面板中，用户可对所选文本的字体格式和段落格式进行快速设置，如图1-6所示。

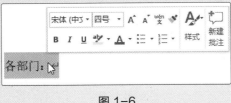

图 1-6

1.1.2 | Microsoft Office 的启动与退出

若要启动 Word 软件，只需双击桌面上的 Word 软件图标即可。此外，用户还可利用"开始"菜单来启动 Word 软件。以 Windows 10 系统为例，在任务栏中单击"开始"按钮，在打开的列表中选择"Word"选项即可，如图 1-7 所示。

处理完 Word 文档后，用户可单击标题栏中的"关闭"按钮退出 Word 软件。

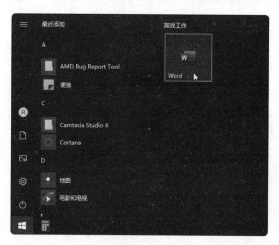

图 1-7

1.1.3 | Microsoft Office 的基本操作

Microsoft Office 的基本操作包括新建文档、打开文档、保存文档、切换视图模式、切换文档窗口、设置文档的显示比例等。下面将分别进行简单介绍。

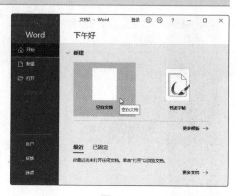

1. 新建文档

启动 Word 软件后，随即会进入"开始"界面，单击"空白文档"按钮即可创建一个空白文档，如图 1-8 所示。在该界面中选择"更多模板"选项，进入系统内置的模板列表，在模板列表中选择一款模板，在打开的创建界面中单击"创建"按钮即可创建一个模板文档，如图 1-9 所示。

图 1-8

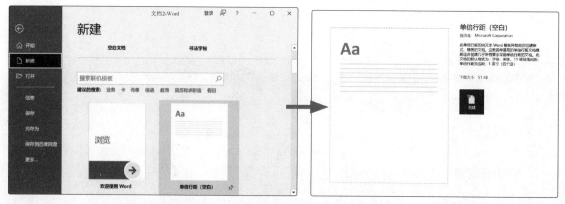

图 1-9

2. 打开文档

在操作文档时，如果想要打开另外一个文档，可按【Ctrl+O】组合键打开"打开"界面，在界面中选择"浏览"选项，在打开的"打开"对话框中选择所需文件，再单击"打开"按钮，如图 1-10 所示。

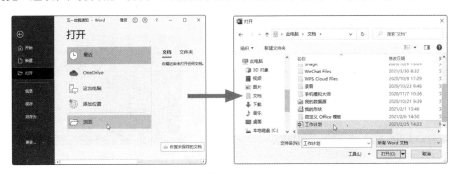

图 1-10

3. 保存文档

在制作文档时，首次按【Ctrl+S】组合键后，会打开"另存为"对话框，在此对话框中设置好文档保存路径及文件名，单击"保存"按钮即可保存当前文档。继续制作文档，再次按【Ctrl+S】组合键后，新文件会覆盖原文件，实现实时保存操作。如果想保留原文件，那么在"文件"菜单中选择"另存为"选项进行另存操作即可。

4. 切换视图模式

不同的 Microsoft Office 组件拥有不同的视图模式，视图体现了文档窗口的不同布局。在操作时应经常切换视图模式，查看不同视图模式下的文档效果。虽然各组件的视图模式不同，但其切换操作是相同的，在状态栏中单击相应的视图按钮即可。Word 软件的视图按钮如图 1-11 所示。

图 1-11

5. 切换文档窗口

打开多个 Word 文档后，想要快速切换到某个文档窗口，在功能区中选择"视图"选项卡，单击"窗口"选项组中的"切换窗口"下拉按钮，在打开的下拉列表中选择所需文档的标题即可，如图 1-12 所示。

6. 设置文档的显示比例

默认情况下，文档的显示比例为 100%，如果需要对文档局部进行处理，可设置文档的显示比例。按住【Ctrl】键，同时向上滚

图 1-12

动鼠标滚轮，即可快速放大页面；相反，按住【Ctrl】键，同时向下滚动鼠标滚轮，即可快速缩小页面。

1.2 常见 Microsoft Office 组件简介

Microsoft Office 包含多个独立组件，下面将对其中常见的组件进行简单介绍。

1. Word 组件

Word 是文档编辑程序，主要用于创建和编辑具有专业外观的文档。此外，利用 Word 也可以对文档进行审阅、添加批注等操作，同时还可以快速美化图片和表格，甚至可以创建书法字帖。Word 启动界面如图 1-13 所示。

2. Excel 组件

Excel 是数据处理程序，主要用于执行计算、分析信息，以及可视化电子表格中的数据。Excel 内置了多种函数，可以对大量数据进行分类、排序操作，甚至可以绘制图表等。Excel 的功能比较全面，涵盖的技术领域比较广，在实际工作中使用的频率很高。Excel 启动界面如图 1-14 所示。

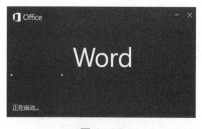
图 1-13

图 1-14

3. PowerPoint 组件

PowerPoint 是幻灯片制作程序，主要用于创建和编辑以幻灯片形式播放的演示文稿。用户在幻灯片中可添加视频、音频及动画效果，为演示文稿增添更多的视觉元素。PowerPoint 启动界面如图 1-15 所示。

4. Access 组件

Access 是数据库管理系统，主要用于创建数据库和编写程序来跟踪与管理信息。该组件可以帮助信息工作者迅速跟踪信息，轻松创建有意义的报告。Access 启动界面如图 1-16 所示。

图 1-15

图 1-16

5. Outlook 组件

Outlook 是电子邮件客户端，主要用于发送和接收电子邮件，记录活动，管理日程、联系人和任务等。该组件从其重新设计的外观到高级电子邮件的组织、搜索、通信和社交网络功能，都能给个人与商业网络的联系带来很好的体验。Outlook 启动界面如图 1-17 所示。

6. Publisher 组件

Publisher 是出版物制作程序，主要用于创建新闻稿和小册子等专业出版物及营销素材。其中包括便于用户创建和分发文档的高效而有力的打印工具，以及 Web 和电子邮件出版物所需的所有工具。Publisher 启动界面如图 1-18 所示。

图 1-17

图 1-18

1.3 Microsoft Office 组件的协同办公

虽然 Microsoft Office 包含多个独立的组件，但在实际操作时，这些组件是能够互相协作使用的。例如，在 Word 中插入 Excel 数据表、将 Word 文档导入 PowerPoint 中等。掌握组件之间的协同操作，可以大大提高用户的办公效率。

1.3.1 Word 与 PowerPoint 的协作

在实际工作中，为了节省时间，经常会将 Word 文档导入 PowerPoint 中，从而快速完成一个演示文稿的制作。

 [实操 1-1] 快速制作培训演示文稿
[实例资源] 第 1 章 \ 例 1-1

微课视频

下面将以制作"数据透视表入门 .pptx 演示文稿"为例，来介绍如何将现有的 Word 文档快速转换成教学演示文稿。

步骤 01 打开"数据透视表入门 .pptx"素材文件，在"视图"选项卡的"视图"选项组中单击"大纲视图"按钮，打开大纲视图界面，如图 1-19 所示。

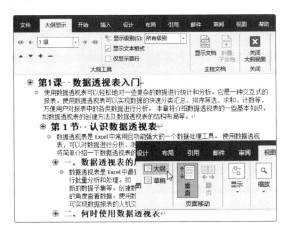

图 1-19

步骤 02 将光标定位至"第 1 节 认识数据透视表"标题中，在"大纲显示"选项卡的"大纲工具"选项组中单击"大纲级别"下拉按钮，从下拉列表中选择"1 级"选项，如图 1-20 所示。

步骤 03 将光标定位至"一、数据透视表的用途"标题中，同样在"大纲显示"选项卡的"大纲工具"选项组中单击"大纲级别"下拉按钮，从下拉列表中选择"1 级"选项，如图 1-21 所示。

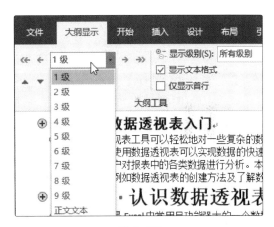

图 1-20

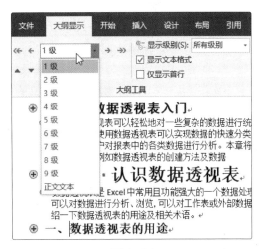

图 1-21

步骤 04 按照同样的方法，将文档中的其他小标题都设置为 1 级大纲，设置效果如图 1-22 所示。

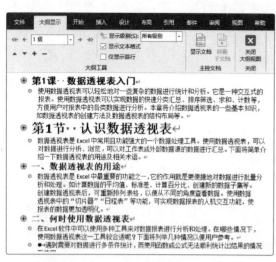

图 1-22

步骤 05 选择第 1 段正文内容，将其"大纲级别"设为"2 级"，如图 1-23 所示。

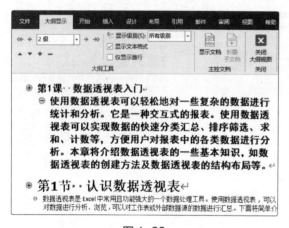

图 1-23

步骤 06 按照同样的方法，将其他几段正文的"大纲级别"都设为"2 级"。关闭大纲视图，调整一下文档格式，效果如图 1-24 所示。

步骤 07 在快速访问工具栏中单击"发送到 Microsoft PowerPoint"按钮，系统会自动打开 PowerPoint，并完成文档的转换，如图 1-25 所示。

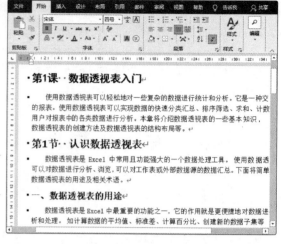

图 1-24

图 1-25

应用秘技

"发送到 Microsoft PowerPoint"按钮是需要用户手动添加的。单击快速访问工具栏右侧的下拉按钮，在下拉列表中选择"其他命令"选项，打开"Word 选项"对话框，在"从下列位置选择命令"下拉列表中选择"不在功能区中的命令"选项❶，并在其下方的列表框中选择"发送到Microsoft PowerPoint"选项❷，单击"添加"按钮❸，将其添加至右侧列表框中，单击"确定"按钮❹，如图1-26所示，即可将"发送到Microsoft PowerPoint"按钮添加到快速访问工具栏中。

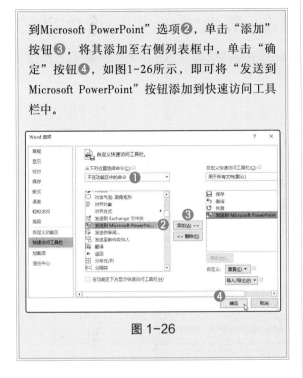

图 1-26

图 1-27

步骤08 在 PowerPoint 软件中选择"设计"选项卡，在"主题"选项组中选择一款主题样式，即可将该主题应用至所有幻灯片中，完成快速美化操作，效果如图 1-27 所示。

 新手提示

将Word文档导入PowerPoint软件中之前，一定要先对Word文档进行大纲级别设置，否则转换后的Word内容会挤在一张幻灯片中显示。

有时需要将PowerPoint文稿内容转换成Word讲义，以便用户在放映幻灯片时能结合讲义内容进行讲解。

在 PowerPoint 软件中打开"文件"菜单，在左侧选择"导出"选项，在"导出"界面中选择"创建讲义"选项，并单击右侧的"创建讲义"按钮，如图 1-28 所示。在"发送到 Microsoft Word"对话框中选择一种讲义版式，单击"确定"按钮，如图 1-29 所示。

系统会自动打开转换后的 Word 讲义文档，在其中可输入相应的讲义内容，如图 1-30 所示。

图 1-28

图 1-29

图 1-30

1.3.2 在 Word 文档中引用 Excel 数据

在用 Word 文档制作项目分析报告时，经常会使用一些数据表来进行分析。这些数据表可以通过导入 Excel 表格的方法制作。

 【实操 1-2】 在 Word 文档中导入 Excel 数据表
【实例资源】 第 1 章 \ 例 1-2

微课视频

如果想要在 Word 文档中导入 Excel 表格，可通过以下两种方法实现。

1. 直接复制 Excel 表格

步骤01 打开"各卖场电冰箱销售报表 .xlsx"素材文件，全选表格，按【Ctrl+C】组合键对其进行复制，如图 1-31 所示。

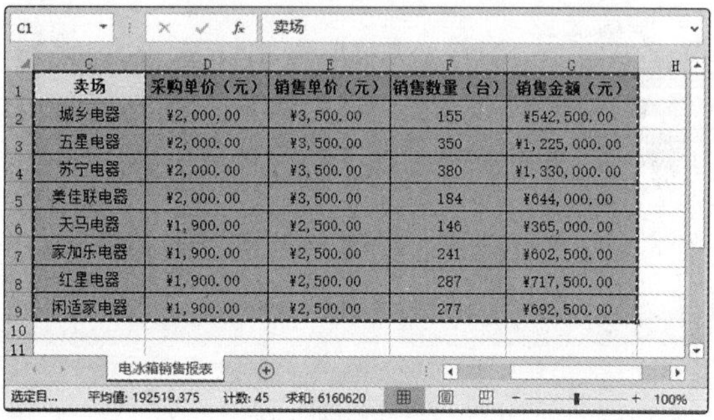

图 1-31

步骤02 新建一个 Word 文档，在其中定位表格插入点，按【Ctrl+V】组合键进行粘贴，此时 Excel 表格将原封不动地导入 Word 文档中。稍微调整一下表格的宽度，效果如图 1-32 所示。

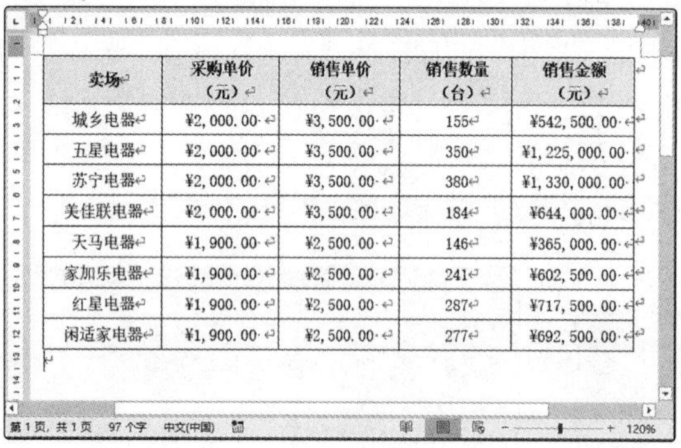

图 1-32

2. 使用"对象"功能嵌入 Excel 表格

步骤01 在 Word 文档中定位表格插入点，在"插入"选项卡的"文本"选项组中单击"对象"按钮，打开"对象"对话框，如图 1-33 所示。

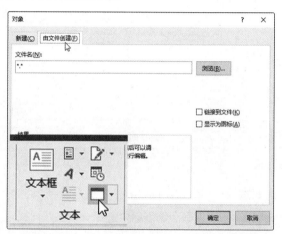

图 1-33

步骤02 在该对话框中选择"由文件创建"选项卡，并单击"浏览"按钮，如图 1-34 所示。

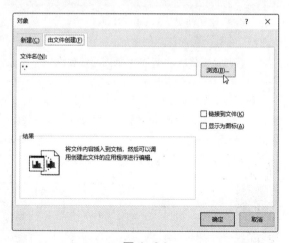

图 1-34

步骤03 在打开的"浏览"对话框中选择所需 Excel 表格，单击"插入"按钮，如图 1-35 所示。

步骤04 返回"对象"对话框，勾选"链接到文件"复选框，并单击"确定"按钮，如图 1-36 所示。

图 1-35

图 1-36

步骤 05　此时 Excel 表格已嵌入 Word 文档中。双击嵌入的表格，系统会打开 Excel 软件，此时可以对表格中的数据进行修改。完成后，嵌入 Word 文档中的表格数据则会同步更新，如图 1-37 所示。

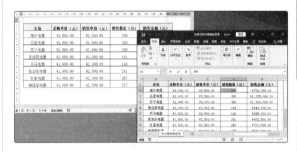

图 1-37

1.3.3 | 在 PowerPoint 中引用 Excel 数据

将 Excel 数据表导入 PowerPoint 的方法有很多，常用的有右键粘贴法及选择性粘贴法两种。下面将对这两种方法进行介绍。

[实操 1-3]　将 Excel 数据导入 PowerPoint 中
[实例资源]　第 1 章 \ 例 1-3

微课视频

下面将以导入"各卖场冰箱销售报表 .xlsx"素材文件为例，介绍具体的操作方法。

步骤 01　打开"各卖场冰箱销售报表 .xlsx"素材文件，选中所有数据，按【Ctrl+C】组合键对其进行复制，然后打开一个演示文稿，在幻灯片中单击鼠标右键，在弹出的快捷菜单中选择"粘贴选项"下的"保留源格式"选项，如图 1-38 所示。

图 1-38

步骤 02　选择之后，即可完成导入 Excel 数据表的操作，如图 1-39 所示。

各卖场电冰箱销售报表

卖场	采购单价（元）	销售单价（元）	销售数量（台）	销售金额（元）
城乡电器	￥2,000.00	￥3,500.00	155	￥542,500.00
五星电器	￥2,000.00	￥3,500.00	350	￥1,225,000.00
苏宁电器	￥2,000.00	￥3,500.00	380	￥1,330,000.00
美佳联电器	￥2,000.00	￥3,500.00	184	￥644,000.00
天马电器	￥1,900.00	￥2,500.00	146	￥365,000.00
家加乐电器	￥1,900.00	￥2,500.00	241	￥602,500.00
红星电器	￥1,900.00	￥2,500.00	287	￥717,500.00
闰途家电器	￥1,900.00	￥2,500.00	277	￥692,500.00

图 1-39

使用这种方法导入 Excel 数据表后，如果想要在 PowerPoint 中更改表格中的数据，只需直接选中数据更改即可。

第2章

常见文档的编辑

在实际工作中，一些常见文档，如通知、计划书、合同、证明等，都需要使用 Word 来制作，因此掌握文档的编辑操作很有必要。本章将对常见文档的编辑操作进行详细介绍。

2.1 文本的输入

在文档中，内容是不可或缺的元素。文档编辑区中有一个闪烁的光标，这个光标代表的是当前文本输入的位置。在输入文本时，光标会随着文本的输入逐步后移。使用中文输入法即可轻松实现文本的输入。本节将主要对特殊符号及公式的输入进行介绍。

2.1.1 插入符号

插入符号指输入键盘上没有的特殊字符或图形符号（数学符号、数字序号、单位符号、制表符）等，如"√""×""①""★""↖""↗""←""→""Ⅰ""Ⅱ""ⓐ""㊤"等。

这些符号的输入可以通过系统提供的插入符号功能实现，如图 2-1 所示。

图 2-1

[**实操 2-1**] 在"数学试卷 .docx"中输入特殊符号

[**实例资源**] 第 2 章 \ 例 2-1

微课视频

在试题文档中，会出现很多特殊字符，此时就需要通过插入符号功能输入。

步骤 01 打开"数学试卷 .docx"素材文件，将光标插入合适位置❶，在"插入"选项卡中单击"符号"下拉按钮❷，在下拉列表中选择"其他符号"选项❸，如图 2-2 所示。

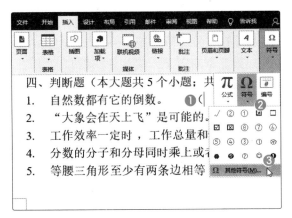

图 2-2

步骤 02 打开"符号"对话框，在"子集"下拉列表中选择"标点和符号"选项❶，并在下方的列表框中选择需要的符号❷，单击"插入"按钮❸，如图 2-3 所示。

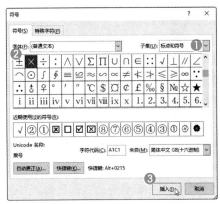

图 2-3

步骤 03 返回文档编辑区，即可看到所选符号已插入文档中，如图 2-4 所示。

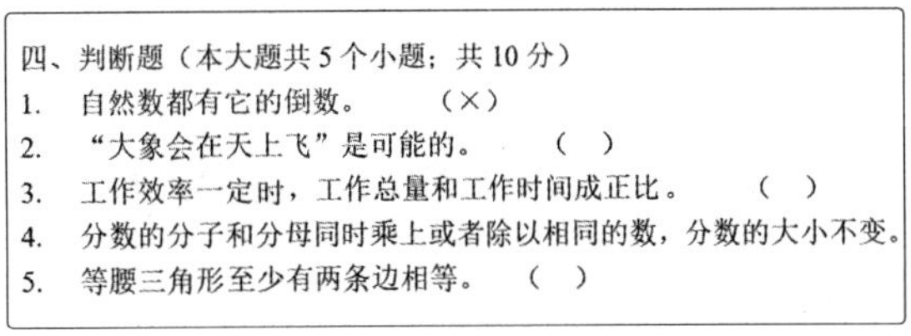

四、判断题（本大题共 5 个小题；共 10 分）
1. 自然数都有它的倒数。 （×）
2. "大象会在天上飞"是可能的。 （ ）
3. 工作效率一定时，工作总量和工作时间成正比。 （ ）
4. 分数的分子和分母同时乘上或者除以相同的数，分数的大小不变。
5. 等腰三角形至少有两条边相等。 （ ）

图 2-4

应用秘技

常见的注册符号"®"、版权所有符号"©"、商标符号"™"等，都可以通过插入符号这一功能输入。如果输入频率较高，还可以为其指定相应的快捷键，如图2-5所示。

图 2-5

2.1.2 插入各种公式

公式指在数学、物理、化学等自然学科中用数学符号表示几个量之间的关系的式子。公式的输入往往比纯文本的输入要复杂。本小节将通过实例进行介绍。

 ［实操 2-2］ 在"数学试卷 .docx"中插入公式

［实例资源］ 第 2 章 \ 例 2-2

微课视频

在编辑数学试卷、论文等文档时，输入公式是很常见的操作。为了达到快速输入的目的，可以直接插入系统内置公式，也可以插入自定义公式。

1. 插入系统内置公式

步骤 01 打开"数学试卷 .docx"素材文件，将光标定位至需要插入公式处，在"插入"选项卡的"符号"选项组中单击"公式"下拉按钮❶，在下拉列表中选择需要的公式即可❷，如图 2-6 所示。

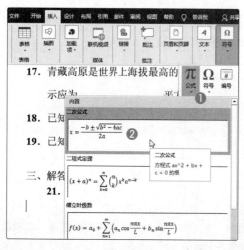

图 2-6

步骤 02 将系统内置公式插入文档后，会打开"公式工具 - 设计"选项卡，通过功能区中的命令可以更改公式的符号、结构等，如图 2-7 所示。

17. 青藏高原是世界上海拔最高的高原，它的面积约为 2 50

示应为＿＿＿＿＿＿平方千米.

18. 已知 $a-b=2$，那么 $2a-2b+5=$＿＿＿＿＿＿.

19. 已知 $y_1=x+3$，$y_2=2-x$，当 $x=$＿＿＿＿＿ 时，y_1 比 y_2 大

三、解答题（本大题共 8 个小题；共 60 分）

21.（本小题满分 6 分）计算：

$$x=\frac{-b\pm\sqrt{b^2-4ac}}{2a}$$

图 2-7

应用秘技

　　如果用户想要更改公式在文档中的对齐方式，则可以选中公式，单击其右侧下拉按钮❶，在弹出的快捷菜单中选择"对齐方式"选项❷，然后在其级联菜单中选择合适的选项即可❸，如图2-8所示。

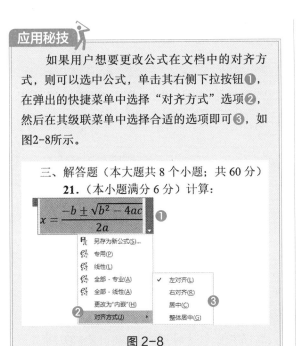

图 2-8

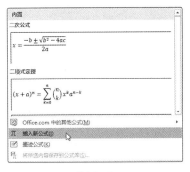

图 2-9

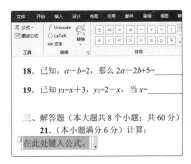

图 2-10

2．插入自定义公式

步骤 01 在"公式"下拉列表中选择"插入新公式"选项，如图 2-9 所示。

步骤 02 在文档中插入"在此处键入公式。"窗格，如图 2-10 所示。

步骤 03 在"公式工具 - 设计"选项卡中，通过单击"分式""上下标""括号"等下拉按钮，在下拉列表中选择合适的选项，输入需要的公式，如图 2-11 所示。

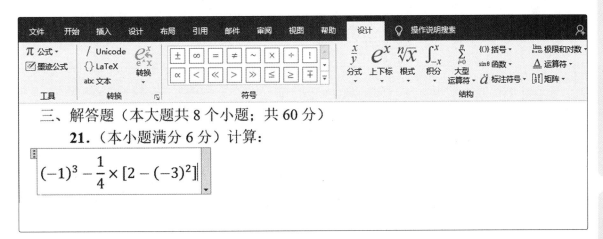

图 2-11

2.2　文本的选择

　　如果想要对文档中的内容进行编辑，就需要先选择文本，如选择字词、选择段落、选择图片、选择对象等。本节将主要介绍两种选择文本的方法：鼠标选择和键盘选择。

2.2.1 选择字词 / 段落

1. 鼠标选择

使用鼠标选择文本时，可以通过在文档中拖曳鼠标完成；还可以通过单击、双击、单击 3 次完成，如表 2-1 所示。

表 2-1

要选择的文本	操作方法
一个单词	双击要选择的单词或按【F8】键两次
一个句子	按住【Ctrl】键的同时在该句子所在的任何地方单击，或按【F8】键 3 次
一个段落	将光标移至段落左侧的选择区，当光标变为"⚐"形状时双击
整篇文档	将光标移至文档左侧的选择区，当光标变为"⚐"形状时连续单击 3 次
任意文本	将光标移至起始行左侧，当光标变为"⚐"形状时按住鼠标左键不放并拖曳鼠标进行选择；或将光标定位在要选择文本的起始点，然后在按住【Shift】键的同时单击文本的结束处

2. 键盘选择

系统提供了一系列使用键盘选择文本的方法，主要通过【Shift】键、【Ctrl】键和方向键来实现。使用键盘选择文本，可以加快对文档的编辑速度。选择文本的快捷键及其功能描述如表 2-2 所示。

表 2-2

快捷键	功能描述
【Shift+ ←】	向左选择一个字符
【Shift+ →】	向右选择一个字符
【Shift+ ↑】	向上选择一行
【Shift+ ↓】	向下选择一行
【Shift+Home】	选择内容扩展至行首
【Shift+End】	选择内容扩展至行尾
【Ctrl+Shift+ ←】	选择内容扩展至上一单词结尾或上一个分句末尾
【Ctrl+Shift+ →】	选择内容扩展至下一单词开头或下一个分句开头
【Ctrl+Shift+ ↑】	选择内容扩展至段首
【Ctrl+Shift+ ↓】	选择内容扩展至段尾
【Shift+PageUp】	选择内容向上扩展一屏
【Shift+PageDown】	选择内容向下扩展一屏
【Ctrl+Shift+Home】	选择内容扩展至文档开始处
【Ctrl+Shift+End】	选择内容扩展至文档结尾处
【Ctrl+A】或【Ctrl+ 小键盘数字键 5】	选择整篇文档

（1）选择超长连续文本。将光标定位至某个位置❶，然后滚动鼠标滚轮到目标页面，按住【Shift】键并单击❷，即可快速选择从光标定位点到鼠标单击点之间的文本，如图2-12所示。

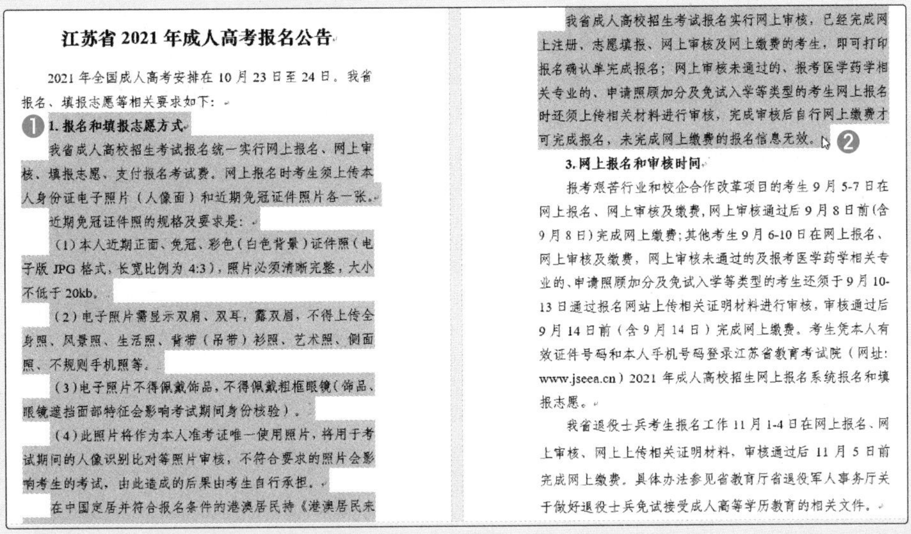

江苏省 2021 年成人高考报名公告

2021 年全国成人高考安排在 10 月 23 至 24 日。我省报名、填报志愿等相关要求如下：

❶ 1. 报名和填报志愿方式

我省成人高校招生考试报名统一实行网上报名、网上审核、填报志愿、支付报名考试费。网上报名时考生须上传本人身份证电子照片（人像面）和近期免冠证件照片各一张。

近期免冠证件照的规格及要求如下：

（1）本人近期正面、免冠、彩色（白色背景）证件照（电子版 JPG 格式，长宽比例为 4:3），照片必须清晰完整，大小不低于 20kb。

（2）电子照片需显示双肩、双耳，露及眉，不得上传全身照、风景照、生活照、背带（吊带）衫照、艺术照、侧面照、不规则手机照等。

（3）电子照片不得佩戴饰品，不得佩戴粗框眼镜（饰品、眼镜遮挡面部特征会影响考试期间身份校验）。

（4）此照片将作为本人准考证唯一使用照片，将用于考试期间的人像识别比对照片审核，不符合要求的照片会影响考生的考试，由此造成的后果由考生自行承担。

在中国定居并符合报名条件的港澳居民持《港澳居民来

我省成人高校招生考试报名实行网上审核，已经完成网上注册、志愿填报、网上审核及网上缴费的考生，即可打印报名确认单完成报名；网上审核未通过的，报考医学药学相关专业的、申请照顾加分及免试入学等类型的考生网上报名时还须上传相关材料进行审核，完成审核后自行网上缴费才可完成报名，未完成网上缴费的报名信息无效。**❷**

2. 网上报名和审核时间

报考艰苦行业和校企合作改革项目的考生 9 月 5-7 日在网上报名、网上审核及缴费，网上审核通过后 9 月 8 日前（含 9 月 8 日）完成网上缴费；其他考生 9 月 6-10 日在网上报名、网上审核及缴费，网上审核未通过的及报考医学药学相关专业的、申请照顾加分及免试入学等类型的考生还须于 9 月 10-13 日通过报名网站上传相关证明材料进行审核，审核通过后 9 月 14 日前（含 9 月 14 日）完成网上缴费，考生凭本人有效证件号码和本人手机号码登录江苏省教育考试院（网址：www.jseea.cn）2021 年成人高校招生网上报名系统报名和填报志愿。

我省退役士兵考生报名工作 11 月 1-4 日在网上报名、网上审核、网上上传相关证明材料，审核通过后 11 月 5 日前完成网上缴费。具体办法参见省教育厅省退役军人事务厅关于做好退役士兵免试接受成人高等学历教育的相关文件。

图 2-12

（2）选择不连续的多段文本。按住【Ctrl】键，按住鼠标左键不放并拖曳鼠标选择文本后释放鼠标（以这种方式操作多次），最后松开【Ctrl】键，即可快速选择不连续的多段文本，如图2-13所示。

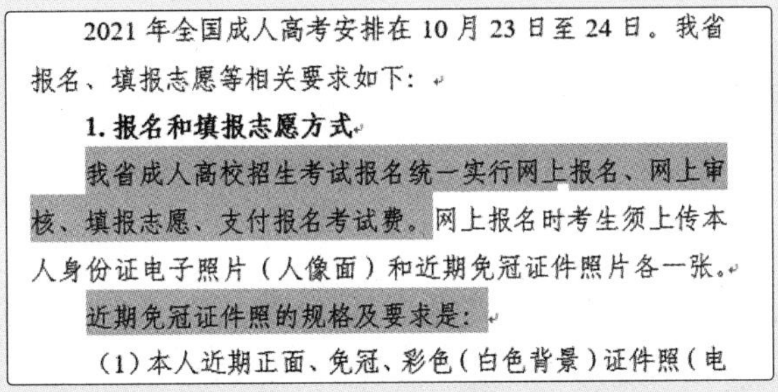

2021 年全国成人高考安排在 10 月 23 日至 24 日。我省报名、填报志愿等相关要求如下：

1. 报名和填报志愿方式

我省成人高校招生考试报名统一实行网上报名、网上审核、填报志愿、支付报名考试费。网上报名时考生须上传本人身份证电子照片（人像面）和近期免冠证件照片各一张。

近期免冠证件照的规格及要求是：

（1）本人近期正面、免冠、彩色（白色背景）证件照（电

图 2-13

（3）选择全部文本。将光标定位至文档中任意位置，然后按【Ctrl+A】组合键，即可将全部文本选中。

2.2.2 选择图片

图片的应用是非常普遍的，其在文档中的排版位置也是多样的。如嵌入文本行中、被文字环绕等。

［实操 2-3］ 选择"衬于文字下方"的图片
［实例资源］ 第 2 章 \ 例 2-3

微课视频

在文档中插入图片后，通常会设置图片的环绕方式。因此，选择图片是非常重要的操作。下面将介绍如何选择"衬于文字下方"的图片。

步骤 01 打开"云南旅游景点介绍 .docx"素材文件，在"开始"选项卡中单击"选择"下拉按钮❶，在下拉列表中选择"选择窗格"选项❷，如图 2-14 所示。

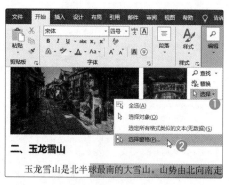

图 2-14

步骤 02 在打开的"选择"窗格中选择图片名称❶，即可将"衬于文字下方"的图片选中❷，如图 2-15 所示。

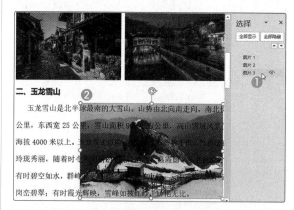

图 2-15

2.2.3 选择对象

常见对象包括墨迹、形状、文本区域，本小节将介绍如何轻松地选择这些对象。

[实操 2-4] 选择"邀请函 .docx"中的对象
[实例资源] 第 2 章 \ 例 2-4

在编辑邀请函时，为了准确地编排文档中的图片、图形、文本框等对象，需要将其逐一选中，那么该如何操作呢？

步骤 01 打开"邀请函 .docx"素材文件，在"开始"选项卡中单击"选择"下拉按钮，在下拉列表中选择"选择对象"选项，如图 2-16 所示。

图 2-16

步骤 02 按住鼠标左键不放并拖曳鼠标框选文档中的所有对象，即可将全部对象选中，如图 2-17 所示。

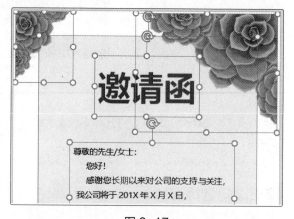

图 2-17

 新手提示

在"选择"下拉列表中选择"全选"选项，也可以快速选中文档中的对象。但通过这种方法选择对象后，不能对对象执行编辑操作。

2.3 文本的查找与替换

　　Word 中的查找和替换功能可以将文档中的指定内容查找出来，并进行批量替换。下面将介绍在 Word 中如何查找和替换文本。

2.3.1　查找文本

　　在编辑文档的过程中，使用查找功能不仅可以查找指定的文本内容，还可以通过区分大小写、区分全半角、区分前后缀等方式进行查找。

 [实操 2-5]　突出显示文档中的错误内容
　　　　[实例资源]　第 2 章 \ 例 2-5

微课视频

　　当需要快速查找文档中的某个内容并突出显示时，可以使用"查找"功能。下面将介绍如何在文档中将错误的文本"陪训"全部查找出来。

步骤 01　打开"员工晋升培训制度 .docx"素材文件，在"开始"选项卡中单击"查找"下拉按钮，在下拉列表中选择"查找"选项，如图 2-18 所示。

图 2-18

步骤 02　打开"导航"窗格，在"搜索"文本框中输入"陪训"，系统会自动将文本突出显示，如图 2-19 所示。

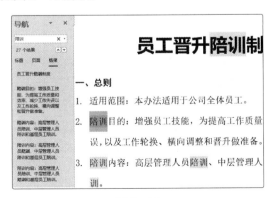

图 2-19

步骤 03　如果需要精确查找，则在"查找"下拉列表中选择"高级查找"选项，打开"查找和替换"对话框，在"查找内容"文本框中输入"陪训"❶。单击"更多"按钮❷，如图 2-20（a）所示，展开面板，单击"格式"下拉按钮❸，在下拉列表中选择"字体"选项❹，如图 2-20（b）所示。

（a）

（b）

图 2-20

步骤 04 打开"查找字体"对话框，在"字体"选项卡中设置"中文字体""字形""字号"，然后单击"确定"按钮，如图 2-21 所示。

图 2-21

步骤 05 返回"查找和替换"对话框，单击"阅读突出显示"下拉按钮，在下拉列表中选择"全部突出显示"选项，如图 2-22 所示。

图 2-22

步骤 06 将字体是"黑体"、字号是"四号"、加粗的"陪训"文本全部突出显示，如图 2-23 所示。

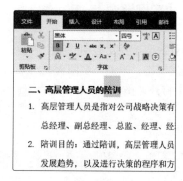

图 2-23

2.3.2 替换文本

通常，需要将查找到的内容替换为指定的内容。Word 中的替换功能非常强大，不仅可以按指定格式进行替换，还可以替换图像、段落标记、制表符等。

 [实操 2-6] 按指定格式批量修改文档
[实例资源] 第 2 章 \ 例 2-6

微课视频

下面要将"黑体""四号""加粗"的文本替换成"宋体""三号""加粗"的文本。

步骤 01 打开"员工晋升培训制度 .docx"素材文件，打开"查找和替换"对话框，将光标定位至"查找内容"文本框中❶，单击"格式"下拉按钮❷，在下拉列表中选择"字体"选项❸，如图 2-24 所示。

步骤 02 打开"查找字体"对话框，将"中文字体"设置为"黑体"❶，将"字形"设置为"加粗"❷，将"字号"设置为"四号"❸，如图 2-25 所示，单击"确定"按钮。

图 2-24

图 2-25

图 2-26

步骤 03 返回"查找和替换"对话框，将光标定位至"替换为"文本框中，单击"格式"下拉按钮，在下拉列表中选择"字体"选项。打开"替换字体"对话框，将"中文字体"设置为"宋体"❶，将"字形"设置为"加粗"❷，将"字号"设置为"三号"❸，如图 2-26 所示，单击"确定"按钮。

步骤 04 返回"查找和替换"对话框，单击"全部替换"按钮，如图 2-27 所示。

图 2-27

2.4 文档的页面设置

新建一个文档后，一般需要根据实际需求对文档的页面进行设置。下面将介绍如何设置页边距、纸张大小、纸张方向。

2.4.1 设置页边距

页边距是页面的边线到文字的距离。页边距分为上、下、左、右页边距，页边距的值越小，页面边线到文字的距离就越短。用户可以在"页面设置"对话框中设置页边距。

[实操 2-7] 设置欠条文档的页边距

[实例资源] 第 2 章 \ 例 2-7

有时出于装订和美观的需要，用户会调整文档的页边距。下面将介绍具体的操作方法。

步骤 01 打开"欠条 .docx"素材文件，在"布局"选项卡中单击"页面设置"选项组的对话框启动器按钮，如图 2-28 所示。

步骤 02 打开"页面设置"对话框，在"页边距"选项卡中可以设置"上""下""左""右"页边距，如图 2-29 所示。

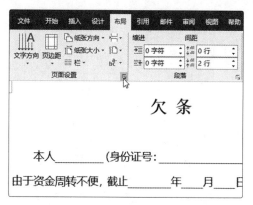

图 2-28

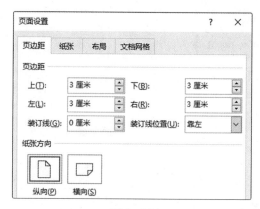

图 2-29

2.4.2 设置纸张大小

[实操 2-8] 设置欠条文档的纸张大小

[实例资源] 第 2 章 \ 例 2-8

新建文档，默认纸张大小为 A4，用户可以根据需要自定义纸张大小。下面将介绍具体的操作方法。

步骤 01 打开"欠条 .docx"素材文件，打开"页面设置"对话框，选择"纸张"选项卡，单击"纸张大小"下拉按钮，在下拉列表中选择"自定义大小"选项，如图 2-30 所示。

步骤 02 在"宽度"和"高度"数值框中输入需要的宽度和高度，如图 2-31 所示。

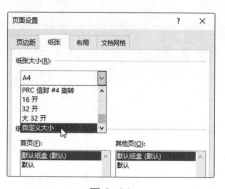

图 2-30

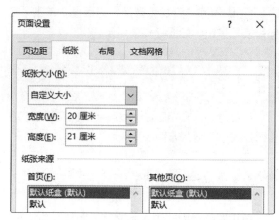

图 2-31

2.4.3 设置纸张方向

[实操 2-9] 将欠条文档横向显示

[实例资源] 第 2 章 \ 例 2-9

在文档中，纸张方向默认为纵向。下面将介绍如何设置纸张方向为横向。

方法一：打开"欠条 .docx"素材文件，在"布局"选项卡中单击"纸张方向"下拉按钮❶，在下拉列表中选择"横向"选项❷，如图 2-32 所示。

方法二：打开"页面设置"对话框，选择"页边距"选项卡❶，选择"横向"纸张方向❷，如图2-33所示。

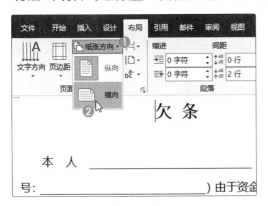

图 2-32

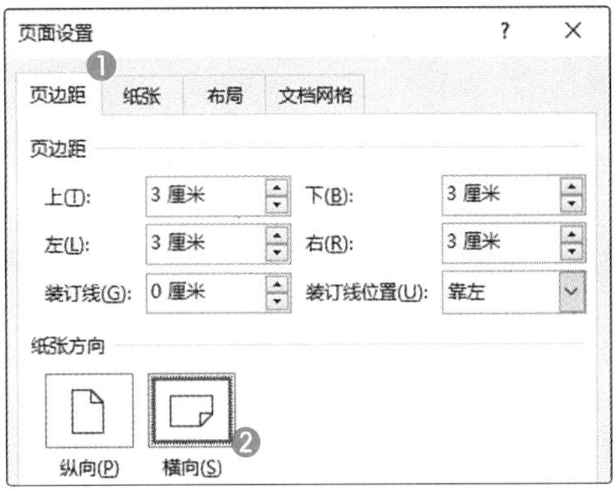

图 2-33

打印五一放假通知

下面将通过打印五一放假通知，温习和巩固前面所学知识，其具体操作步骤如下。

步骤01 打开新建的空白文档，在其中输入标题❶和正文内容❷，如图2-34所示。

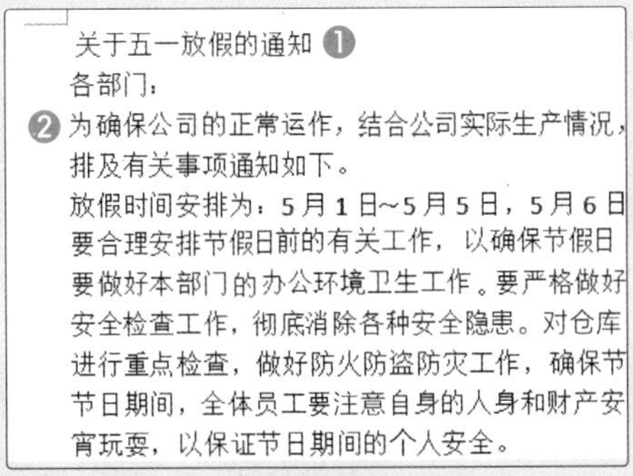

关于五一放假的通知 ❶
各部门：
❷为确保公司的正常运作，结合公司实际生产情况，排及有关事项通知如下。
放假时间安排为：5月1日~5月5日，5月6日
要合理安排假日前的有关工作，以确保节假日
要做好本部门的办公环境卫生工作。要严格做好
安全检查工作，彻底消除各种安全隐患。对仓库
进行重点检查，做好防火防盗防灾工作，确保节
节日期间，全体员工要注意自身的人身和财产安
宵玩耍，以保证节日期间的个人安全。

图 2-34

步骤02 选择标题，在"开始"选项卡中，将"字体"设置为"微软雅黑"，将"字号"设置为"小一"，加粗显示，如图2-35所示。

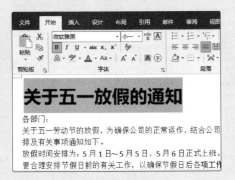

图 2-35

步骤03 单击"段落"选项组的对话框启动器按钮，打开"段落"对话框，选择"缩进和间距"选项卡，将"对齐方式"设置为"居中"❶，将"段前"间距设置为"0.5行"❷，将"段后"间距设置为"1行"❸，如图2-36所示，单击"确定"按钮。

图 2-36

步骤04 选择正文内容，然后将"字体"设置为"宋体"，将"字号"设置为"四号"，如图2-37所示。

微课视频

23

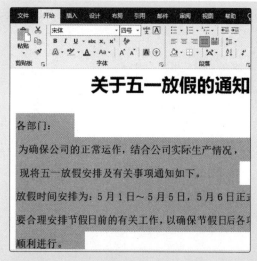

图 2-37

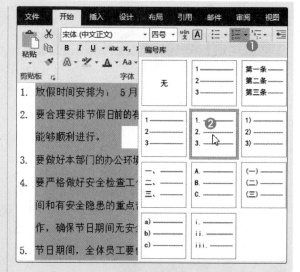

图 2-38

步骤 05 选择段落，在"开始"选项卡中单击"编号"下拉按钮❶，在下拉列表中选择合适的编号样式❷，如图 2-38 所示。

步骤 06 选择第 1 段至第 2 段文本，打开"段落"对话框，在"特殊"下拉列表中选择"首行"选项，并将"缩进值"设置为"2 字符"，如图 2-39 所示。

步骤 07 按照上述方法，设置其他正文内容的对齐方式、间距、缩进值等。然后打开"文件"菜单，选择"打印"选项❶，在"打印"界面设置打印份数❷，单击"打印"按钮❸，即可打印五一放假通知，如图 2-40 所示。

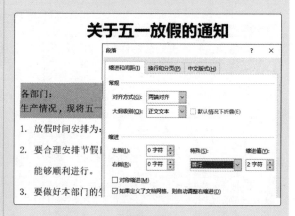

图 2-39

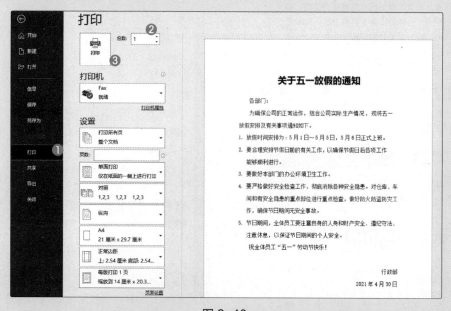

图 2-40

Q1：如何在文档的空白区域的任意位置输入文本？

A： 在需要输入文本的位置双击，即可将光标定位到该位置，如图 2-41 所示。然后根据需要输入相关文本即可，如图 2-42 所示。

图 2-41　　　　　　　　　　　　　　　　　图 2-42

Q2：如何选择矩形区域？

A： 用户只需要按住【Alt】键，同时在文本中按住鼠标左键不放并拖曳鼠标即可选择矩形区域，如图 2-43 所示。

Q3：如何快速清除文本的所有格式？

A： 选择文本，在"开始"选项卡中单击"清除所有格式"按钮，如图 2-44 所示。

图 2-43　　　　　　　　　　　　　　　　　图 2-44

Q4：如何批量删除空行？

A： 打开"查找和替换"对话框，在"查找内容"文本框中输入"^p^p"，在"替换为"文本框中输入"^p"，然后单击"全部替换"按钮即可，如图 2-45 所示。

图 2-45

第 3 章

文档的编排与美化

　　使用 Word 不仅可以制作常见的文档，还可以对文档进行编排和美化，如为文档设置分栏、页面背景，以及插入图片、图形、文本框等。本章将对文档的编排与美化进行详细介绍。

3.1 分栏显示文档内容

在编辑文档页面中的内容时，使用文档的分栏功能可以表明文档内容的并列关系，并且可以整齐地规划文本。下面将介绍如何为文档分栏和如何使用分栏符辅助分栏。

3.1.1 自动分栏

Word 内置了自动分栏功能，如图 3-1 所示。用户可以根据需要将文档内容分为两栏、三栏、偏左或偏右显示。

图 3-1

其中，"两栏"与"三栏"表示将文档竖排平分为两排与三排。"偏左"表示将文档竖排划分，左侧的内容比右侧的内容少；"偏右"与"偏左"相反，"偏右"表示将文档竖排划分，右侧的内容比左侧的内容少。

[实操 3-1] 将"管理制度及流程 .docx"文档分为两栏

[实例资源] 第 3 章 \ 例 3-1

对文档内容进行分栏操作很简单，下面将介绍如何将"管理制度及流程 .docx"文档分为两栏显示。

步骤 01 打开"管理制度及流程 .docx"素材文件，选中需要分栏的文本，在"布局"选项卡中单击"栏"下拉按钮，在下拉列表中选择"两栏"选项，如图 3-2 所示。

步骤 02 将所选文本分为两栏显示，如图 3-3 所示。

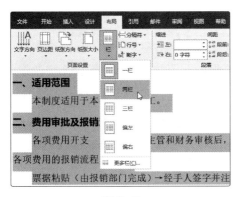

图 3-2

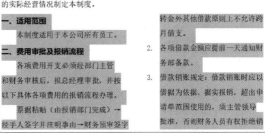

图 3-3

3.1.2 | 自定义分栏

当用户需要将文档内容分为更多栏显示时，可以使用自定义分栏功能。单击"栏"下拉按钮，在列表中选择"更多栏"选项，在"栏"对话框中自定义栏数、宽度、间距、分隔线等，如图3-4所示。

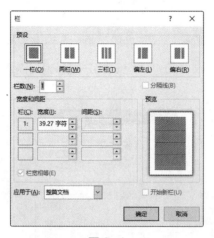

图 3-4

其中，在"栏数"数值框中输入需要设置的栏数，可将文档内容分成相应的栏数显示。在"宽度和间距"区域，可以设置栏的宽度和栏与栏的间距。若取消勾选"栏宽相等"复选框，可以设置不同的栏宽和间距。若勾选"分隔线"复选框，则分栏后会显示分隔线。

[**实操 3-2**] 将"管理制度及流程 .docx"文档分为四栏
[**实例资源**] 第 3 章 \ 例 3-2

微课视频

用户使用自定义分栏功能可以将文档内容分为四栏、五栏等，下面将介绍如何将"管理制度及流程 .docx"文档分为四栏显示。

步骤01 打开"管理制度及流程.docx"素材文件，选中要分栏的文本，在"栏"下拉列表中选择"更多栏"选项，打开"栏"对话框，在"栏数"数值框中输入需要设置的栏数❶，在"应用于"下拉列表中选择"所选文字"选项❷，并勾选"分隔线"复选框❸，如图3-5所示，单击"确定"按钮。

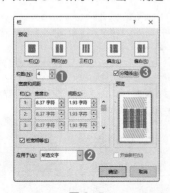

图 3-5

步骤02 此时将所选文本分成四栏显示，并在各栏之间添加了分隔线，如图3-6所示。

> 为了加强对公司财务的管理，完善公司的报销程序及规定，合理控制公司经营费用，根据国家有关财务法规的规定及公司对财务规章制度的要求，结合本公司的实际经营情况制定本制度。
>
> **一．适用范围**
> 本制度适用于本公司所有员工。
>
> **二．费用审批及报销流程**
> 各项费用开支必须经部门主管和财务审核
>
> 成）→经手人签字并注明事由→财务预审签字→部门负责人审核签字→总经理签字→财务付款或收款。
>
> **三．临时借款管理规定**
> 各项借款规定；借款销
>
> 其他借款原则上不允许跨月借支。
> 2. 各项借款金额应提前一天通知财务部备款。
> 3. 借款销账规定；借款销
>
> 管领导审批准，否则财务人员有权拒绝销账。
> 4. 借款未还者原则上不得再次借款及报销其他费用，逾期未

图 3-6

3.1.3 使用分栏符辅助分栏

分栏符用于指示分栏符后面的文字将从下一栏开始。对文档进行分栏设置后，Word 文档会在适当的位置自动分栏，如果希望某一内容出现在下一栏，则可以用插入分栏符的方法实现。

[实操 3-3]　将标题移至下一栏

[实例资源]　第 3 章 \ 例 3-3

在对文档进行分栏的过程中，如果希望文本直接移至下一栏，则可以使用分栏符辅助分栏。下面将介绍具体的操作方法。

步骤 01 打开"管理制度及流程 .docx"素材文件，将光标定位至需要移至下一栏的文本开始处❶，在"布局"选项卡中单击"分隔符"下拉按钮❷，在下拉列表中选择"分栏符"选项❸，如图 3-7 所示。

步骤 02 将光标之后的文本调整到下一栏，如图 3-8 所示。

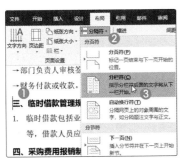

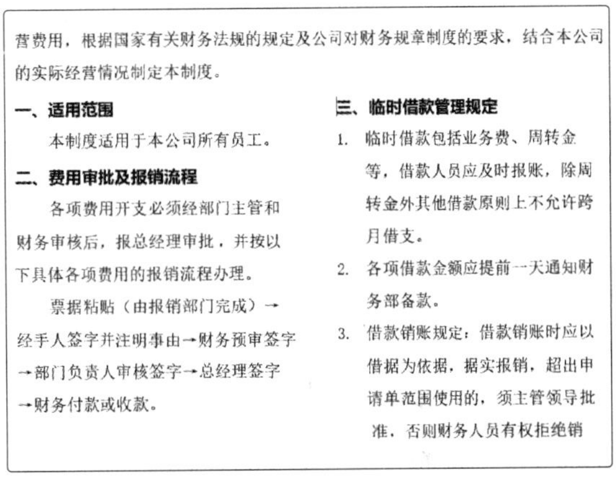

图 3-7

图 3-8

3.2 页面背景的设置

出于美观和实际需要，一般要对文档的页面背景进行设置。下面将介绍如何为文档添加水印、设置页面效果和添加边框。

3.2.1 为文档添加水印

水印是位于文档背景中的一种文本或图片。Word 自带了机密、紧急和免责声明 3 种类型共 12 种水印样式，用户可以直接套用 Word 内置的水印样式，或者在"水印"对话框中自定义水印样式，如图 3-9 所示。

在"水印"对话框中可以设置"无水印""图片水印"和"文字水印"3 种水印效果。

图 3-9

[**实操 3-4**] 为"商标使用授权书 .docx"添加水印

[**实例资源**] 第 3 章 \ 例 3-4

为文档添加水印可以防止他人随便复制、盗用文档内容，下面将介绍如何为文档添加图片水印。

步骤 01 打开"商标使用授权书 .docx"素材文件，在"设计"选项卡中单击"水印"下拉按钮，在下拉列表中选择"自定义水印"选项，如图 3-10 所示。

图 3-10

步骤 02 打开"水印"对话框，选中"图片水印"单选按钮，然后单击"选择图片"按钮，如图 3-11 所示。

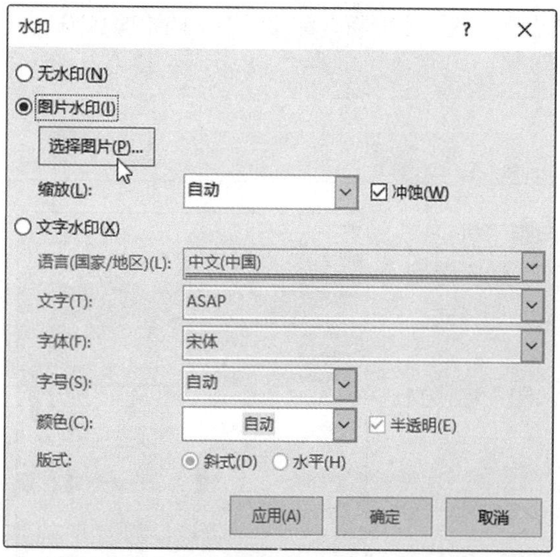

图 3-11

步骤 03 此时弹出"插入图片"对话框，单击"从文件"右侧的"浏览"按钮，如图 3-12 所示。打开"插入图片"对话框，在其中选择需要的图片，单击"插入"按钮，如图 3-13 所示。

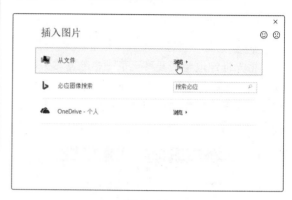

图 3-12

图 3-13

步骤 04 返回"水印"对话框，单击"应用"按钮，即可为选择的图片添加水印，如图 3-14 所示。

图 3-14

3.2.2 | 设置页面效果

Word 文档默认的背景颜色为白色，用户可以通过设置页面效果来增强文档的美观性。在"填充效果"对话框中，用户可以为文档页面设置渐变填充、纹理填充、图案填充及图片填充效果，如图 3-15 所示。

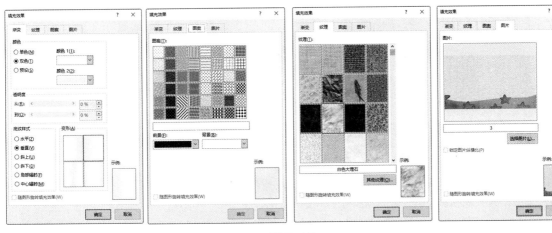

图 3-15

[实操 3-5] 为"商标使用授权书 .docx"设置图案填充效果

[实例资源] 第 3 章 \ 例 3-5

制作好文档后，为了美化页面，可以为文档设置页面效果。下面将介绍如何为"商标使用授权书 .docx"设置图案填充效果。

步骤 01 打开"商标使用授权书 .docx"素材文件，在"设计"选项卡中单击"页面颜色"下拉按钮❶，在下拉列表中选择"填充效果"选项❷，如图 3-16 所示。

图 3-16

步骤 02 打开"填充效果"对话框，选择"图案"选项卡❶，在其中选择合适的图案样式❷，并设

置前景颜色❸，如图 3-17 所示，单击"确定"按钮。

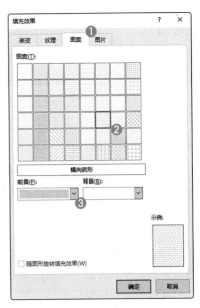

图 3-17

步骤 03 为文档页面设置图案填充效果，如图 3-18 所示。

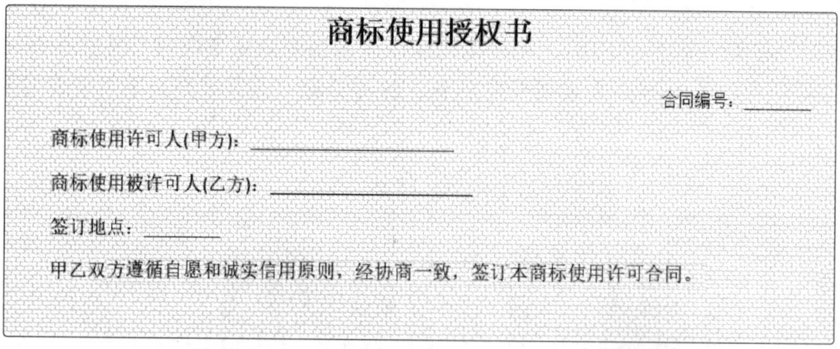

商标使用授权书

合同编号：_____

商标使用许可人(甲方)：_____

商标使用被许可人(乙方)：_____

签订地点：_____

甲乙双方遵循自愿和诚实信用原则，经协商一致，签订本商标使用许可合同。

图 3-18

3.2.3 为页面添加边框

边框可以吸引人的注意力，并为文档增加特色。用户可以在"边框和底纹"对话框中设置各种线条样式、颜色和宽度来创建边框，或者选择主题有趣的艺术边框。

 ［实操 3-6］ 为"商标使用授权书 .docx"添加边框

［实例资源］ 第 3 章 \ 例 3-6

用户为文档页面添加边框后，可以使文档页面看起来美观大方。下面将介绍如何为文档页面添加边框。

步骤 01 打开"商标使用授权书 .docx"素材文件，在"设计"选项卡中单击"页面边框"按钮，如图 3-19 所示。

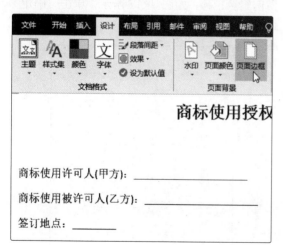

图 3-19

步骤 02 打开"边框和底纹"对话框，在"页面边框"选项卡中选择"设置"区域的"方框"选项❶，然后设置合适的边框样式❷、颜色❸、宽度❹，最后单击"选项"按钮❺，如图 3-20 所示。

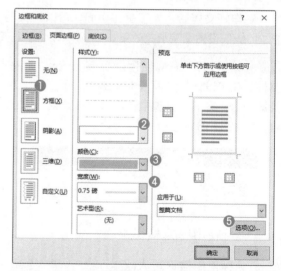

图 3-20

步骤 03 打开"边框和底纹选项"对话框，设置"上""下""左""右"边距后单击"确定"按钮，如图 3-21 所示。

步骤 04 返回"边框和底纹"对话框，直接单击"确定"按钮，即可为文档页面添加边框，如图 3-22 所示。

图 3-21

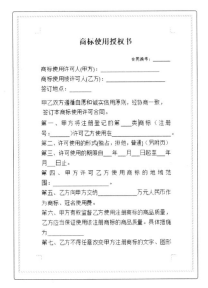

图 3-22

3.3 文本框的应用

在文档中使用文本框，可以使文档版式更加灵活。下面将介绍如何在文档中插入文本框、编辑文本框和设置文本框的位置。

3.3.1 插入文本框

文本框是 Word 中的一种对象，用于存放文本、图片或图形。它不仅可以像图片那样随意放置，而且可以通过创建文本框之间的链接来存放更多的内容。

Word 内置了 35 种文本框，用户可以直接在文档中插入内置的文本框，或者绘制横排文本框和竖排文本框。

[实操 3-7] 为"生日贺卡 .docx"插入标题文本框
[实例资源] 第 3 章 \ 例 3-7

文本框可以突出其包含的内容，非常适合展示重要文字，如标题或引述内容等。下面将介绍如何为"生日贺卡 .docx"插入标题文本框。

步骤 01 绘制横排文本框。打开"生日贺卡 .docx"素材文件，在"插入"选项卡中单击"文本框"下拉按钮，在下拉列表中选择"绘制横排文本框"选项，如图 3-23 所示。

步骤 02 当光标变为十字形，按住鼠标左键不放拖曳鼠标至合适位置，绘制所需文本框，如图 3-24 所示。

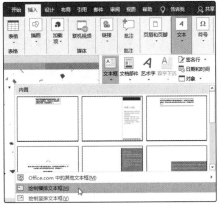

图 3-23

图 3-24

图 3-25

图 3-26

步骤03 绘制完成后，在文本框中输入相关内容，如图 3-25 所示。

步骤04 绘制竖排文本框。在"文本框"下拉列表中选择"绘制竖排文本框"选项，按上述方法在页面中绘制所需文本框，绘制完成后在文本框中输入竖排文字，如图 3-26 所示。

3.3.2　编辑文本框

在文档中插入的文本框默认带有黑色边框和填充颜色，用户可以根据需要设置文本框的形状样式。

[实操 3-8] 将文本框的形状样式设置为"无填充"和"无轮廓"

[实例资源] 第 3 章 \ 例 3-8

微课视频

为了使插入的文本框更好地融入页面，用户可以将文本框的形状样式设置为"无填充"和"无轮廓"。下面将介绍具体的操作方法。

步骤01 打开"生日贺卡.docx"素材文件，设置"无填充"。选择文本框，在"绘图工具 - 格式"选项卡中单击"形状填充"下拉按钮，在下拉列表中选择"无填充"选项，如图 3-27 所示。

步骤02 设置"无轮廓"。在"绘图工具 - 格式"选项卡中单击"形状轮廓"下拉按钮，在下拉列表中选择"无轮廓"选项，如图 3-28 所示。

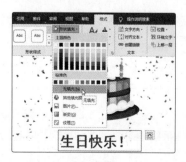

图 3-27

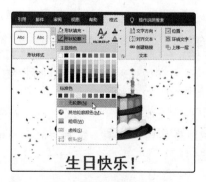

图 3-28

3.3.3 | 设置文本框的位置

在文档中插入文本框后，用户可以随意移动文本框的位置，也可以通过"位置"功能设置文本框在页面中的位置。

[实操 3-9] 设置"生日贺卡.docx"标题文本框的位置
[实例资源] 第 3 章 \ 例 3-9

用户可以根据需要设置文本框的文字环绕方式和布局方式，下面将介绍具体的操作方法。

方法一：打开"生日贺卡.docx"素材文件，选择文本框，在"绘图工具-格式"选项卡中单击"位置"下拉按钮，在下拉列表中选择合适的文字环绕方式，如图 3-29 所示。

方法二：单击文本框右侧的"布局选项"按钮，在弹出的面板中设置文本框的布局方式，如图 3-30 所示。

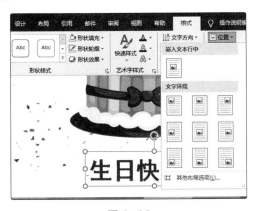

图 3-29

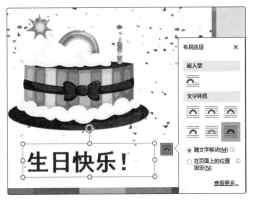

图 3-30

3.4 | 图片的应用

在制作文档时，为了使文档图文并茂、更具说服力，就需要在文档中插入图片。插入图片的方法有很多，比较常用的就是将所需图片直接拖曳至页面中。下面将介绍如何调整图片大小、裁剪图片、调整图片效果等。

3.4.1 | 调整图片大小

将图片插入文档中后，图片显示可能会过大或过小，此时就需要对图片的大小进行调整。调整图片大小的方法有很多种，用户可以使用鼠标调整法和数值框调整法完成。

1. 鼠标调整法

选择图片，将光标放置在图片任意对角点上，此时光标变为"↗"形状，如图 3-31 所示。按住鼠标左键不放拖曳鼠标，调整图片的大小，如图 3-32 所示。

2. 数值框调整法

选择图片，打开"图片工具-格式"选项卡，在"大小"选项组中可以设置图片的"高度"❶和"宽度"❷，如图 3-33 所示。

图 3-31

图 3-32

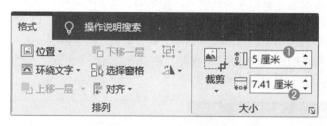

图 3-33

3.4.2 裁剪图片

裁剪图片就是将图片不需要的区域裁剪掉，用户可以使用"裁剪"功能进行裁剪操作。

[实操 3-10] 将图片裁剪成"心形"

[实例资源] 第 3 章 \ 例 3-10

使用"裁剪"功能，可以将图片裁剪为一定的形状。下面将介绍具体的操作方法。

步骤 01 打开"云南旅游景点介绍 .docx"素材文件，选择图片，在"图片工具 - 格式"选项卡中单击"裁剪"下拉按钮❶，在下拉列表中选择"裁剪为形状"选项❷，并在其级联菜单中选择需要的形状❸，如图 3-34 所示。

步骤 02 将图片裁剪为选择的形状，如图 3-35 所示。

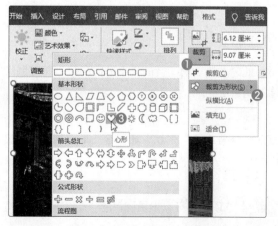

图 3-34

座没有城墙的古城,里面有光滑洁净的青石板路、的房屋和无处不在的小桥流水。

图 3-35

3.4.3 | 调整图片效果

在文档中插入的图片的颜色一般为图片原本的颜色，用户可以调整图片的亮度 / 对比度，如图 3-36 所示；调整图片的颜色，如图 3-37 所示；调整图片的艺术效果，如图 3-38 所示。

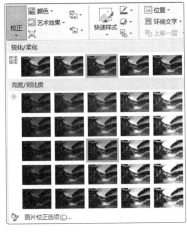

图 3-36

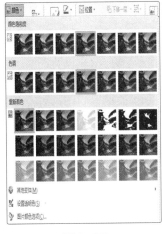

图 3-37

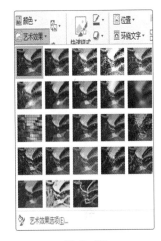

图 3-38

[实操 3-11] 为图片设置"铅笔素描"艺术效果

[实例资源] 第 3 章 \ 例 3-11

微课视频

Word 中提供了 23 种艺术效果，用户可以根据需要为图片设置合适的艺术效果。下面将介绍具体的操作方法。

步骤 01 打开"云南旅游景点介绍 .docx"素材文件，选择图片，在"图片工具 – 格式"选项卡中单击"艺术效果"下拉按钮，在下拉列表中选择"铅笔素描"选项，如图 3-39 所示。

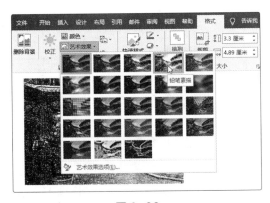

图 3-39

步骤 02 为所选图片设置"铅笔素描"艺术效果，如图 3-40 所示。

图 3-40

应用秘技

如果用户想要快速更改图片的样式，可在"图片工具-格式"选项卡中单击"图片样式"选项组中的"其他"下拉按钮，在下拉列表中选择需要的样式，如图3-41所示。

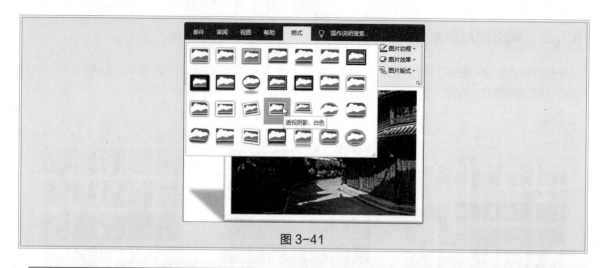

图 3-41

3.5 图形的应用

在文档中使用图形，可以更好地说明其中文本内容之间的关系，使其表达明确、清晰。下面将介绍如何在文档中绘制形状和编辑所绘形状。

3.5.1 在文档中绘制形状

Word 中提供了线条、矩形、基本形状、箭头总汇、公式形状等 8 种类型的形状，用户可以使用"形状"功能绘制不同的图形。

 [实操 3-12] 绘制流程图
[实例资源] 第 3 章 \ 例 3-12

微
课
视
频

用户可以通过在文档中绘制形状来制作流程图，下面将介绍具体的操作方法。

步骤01 打开"二手车置换流程 .docx"素材文件，在"插入"选项卡中单击"形状"下拉按钮，在下拉列表中选择"矩形：圆角"选项，如图 3-42 所示。

图 3-42

步骤02 光标变为十字形状，按住鼠标左键不放拖曳鼠标，绘制形状，如图 3-43 所示。

图 3-43

步骤03 按照上述方法绘制箭头，并复制圆角矩形和箭头，即可完成一个流程图的制作，如图 3-44 所示。

图 3-44

3.5.2 | 编辑所绘形状

绘制好形状后，一般需要对形状进行编辑，用户可以设置形状的填充颜色，如图 3-45 所示；可以设置形状的轮廓样式，如图 3-46 所示；可以设置形状的效果，如图 3-47 所示。

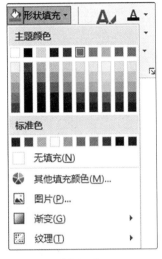

图 3-45

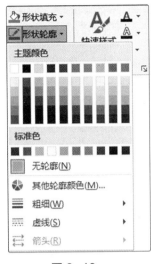

图 3-46

图 3-47

[实操 3-13] 在形状中输入文字
[实例资源] 第 3 章 \ 例 3-13

微课视频

制作好流程图后，用户需要在形状中输入文字。下面将介绍具体的操作方法。

步骤 01 打开"二手车置换流程 .docx"素材文件，选择形状，单击鼠标右键，在弹出的快捷菜单中选择"添加文字"选项，如图 3-48 所示。

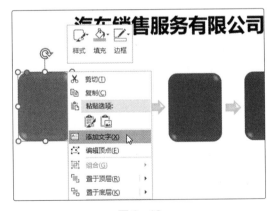

图 3-48

步骤 02 将光标定位到形状中，直接输入相关文本内容，如图 3-49 所示。

步骤 03 按照上述方法，在其他形状中输入文字，如图 3-50 所示。

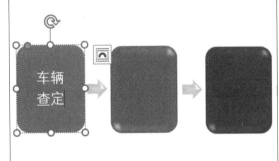

图 3-49

图 3-50

应用秘技

如果用户想要更改形状，可选中形状，在"绘图工具-格式"选项卡中单击"编辑形状"下拉按钮，在下拉列表中选择"更改形状"选项，并在其级联菜单中选择合适的形状，如图3-51所示。

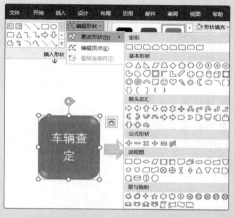

图 3-51

3.6 页眉页脚的添加

在制作类似合同、标书、论文的长文档时，需要插入页眉和页脚，也需要标注页码。下面将介绍如何在文档中插入页眉页脚、自定义页眉页脚和为文档添加页码。

3.6.1 插入页眉页脚

在文档中插入页眉和页脚，可以展示标题和作者信息。用户使用"页眉"和"页脚"功能，可以在文档中插入 Word 内置的页眉和页脚样式，如图 3-52 所示。

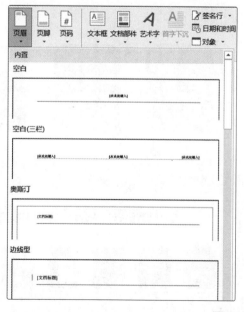
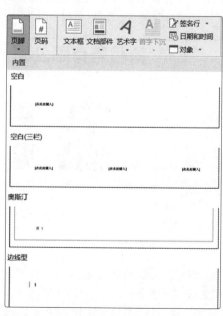

图 3-52

[实操 3-14] 在"项目招标书 .docx"中插入页眉

[实例资源] 第 3 章 \ 例 3-14

用户可以在页眉中输入公司名称、标题名称等，下面将介绍如何在"项目招标书 .docx"中插入页眉。

步骤 01 打开"项目招标书 .docx"素材文件，在"插入"选项卡中单击"页眉"下拉按钮，在下拉列表中选择内置的页眉样式，如图 3-53 所示。

步骤 02 插入空白页眉后，根据需要输入相关文本，输入完成后在"页眉和页脚工具 - 设计"选项卡中单击"关闭页眉和页脚"按钮，如图 3-54 所示。

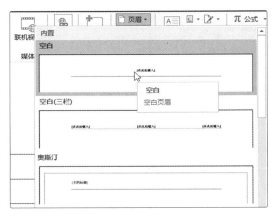

图 3-53

图 3-54

3.6.2 自定义页眉页脚

除了可以使用 Word 内置的样式添加页眉和页脚外，用户还可以自定义页眉和页脚。例如，在页眉和页脚中插入图片、日期和时间、文档信息等，如图 3-55 所示。

图 3-55

[实操 3-15] 在"项目招标书 .docx"的页眉中插入 Logo 图片

[实例资源] 第 3 章 \ 例 3-15

制作项目招标书时，通常需要在页眉中插入公司的 Logo 图片。下面将介绍具体的操作方法。

步骤 01 打开"项目招标书 .docx"素材文件，在文档页面上方的页眉处双击，即可进入页眉编辑状态，打开"页眉和页脚工具 - 设计"选项卡，

单击"图片"按钮，如图 3-56 所示。

步骤 02 打开"插入图片"对话框，从中选择 Logo 图片，单击"插入"按钮，如图 3-57 所示。

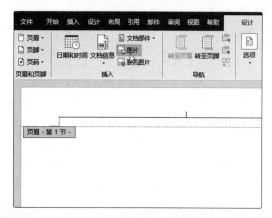

图 3-56

图 3-57

步骤 03 将 Logo 图片插入页眉中后，调整其大小和位置，在"页眉和页脚工具 - 设计"选项卡中单击"关闭页眉和页脚"按钮，效果如图 3-58 所示。

图 3-58

3.6.3 为文档添加页码

为长篇文档添加页码，可以方便用户浏览与查看文档。用户使用"页码"功能，可以插入 Word 内置的页码样式，如图 3-59 所示。

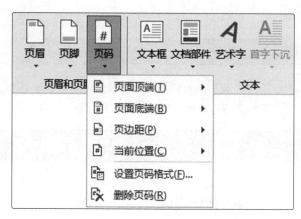

图 3-59

[实操 3-16] 插入"第 X 页，共 Y 页"页码样式

[实例资源] 第 3 章 \ 例 3-16

微课视频

页码的样式有很多种，如"1,2,3,…""I,II,III,…"等。下面将介绍如何在文档中插入"第 X 页，共 Y 页"页码样式。

步骤 01 打开"招标项目书 .docx"素材文件，在"插入"选项卡中单击"页码"下拉按钮❶，在下拉列表中选择"页面底端"选项❷，并在其级联菜单中选择"普通数字 2"选项❸，如图 3-60

所示。

步骤 02 插入页码后，将光标定位于页码处，输入除页码数字以外的所有文字信息，并将光标插入"共"和"页"之间，如图 3-61 所示。

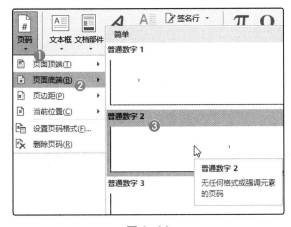

图 3-60

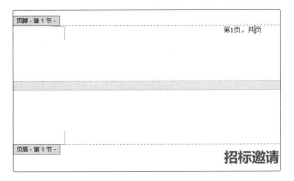

图 3-61

步骤 03 打开"页眉和页脚工具－设计"选项卡，单击"文档部件"下拉按钮，在下拉列表中选择"域"选项，如图 3-62 所示。

步骤 04 打开"域"对话框，将"类别"设置为"文档信息"❶，在"域名"列表框中选择"NumPages"选项❷，在"格式"列表框中选择"1,2,3,..."选项❸，单击"确定"按钮，如图 3-63 所示。

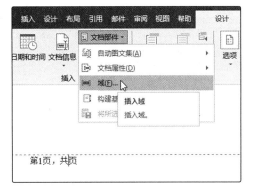

图 3-62

图 3-63

步骤 05 文档中的页码以"第 1 页，共 7 页"样式显示，如图 3-64 所示。

图 3-64

![实战演练]

制作企业简介

下面将通过制作企业简介，温习和巩固前面所学知识，其具体操作步骤如下。

步骤 01 新建一个空白文档，打开"页面设置"对话框，将"上""下""左""右"页边距均设置为"1 厘米"，并将"纸张大小"设置为"A5"，如图 3-65 所示。

步骤 02 选择"插入"选项卡，单击"艺术字"下拉按钮❶，在下拉列表中选择合适的艺术字效果❷，如图 3-66 所示。

图 3-65

微课视频

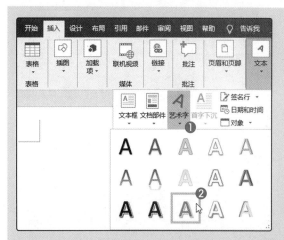

图 3-66

步骤 03 在"艺术字"文本框中输入文本"企业简介"，然后将"字体"设置为"微软雅黑"，将"字号"设置为"60"，并在"绘图工具 – 格式"选项卡中设置合适的文本填充颜色，如图 3-67 所示。

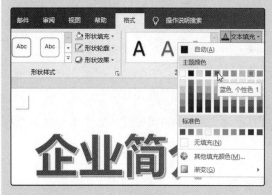

图 3-67

步骤 04 将艺术字移至页面中合适的位置，然后在"插入"选项卡中单击"文本框"下拉按钮，在下拉列表中选择"绘制横排文本框"选项，在页面中绘制一个文本框，并将文本框样式设置为"无填充"和"无轮廓"，在文本框中输入文本内容，如图 3-68 所示。

图 3-68

步骤 05 在"插入"选项卡中单击"形状"下拉按钮，在下拉列表中选择"直线"选项，按住【Shift】键的同时按住鼠标左键不放并拖曳鼠标，绘制一条直线，然后在"绘图工具 – 格式"选项卡中设置直线的轮廓颜色和粗细，如图 3-69 所示。最后复制一条直线并将其移至页面中合适的位置。

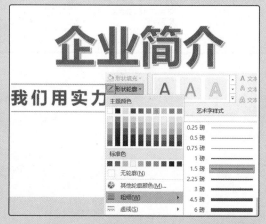

图 3-69

步骤 06 绘制文本框，在其中输入相关内容，并将文本框移至页面中合适的位置，如图 3-70 所示。

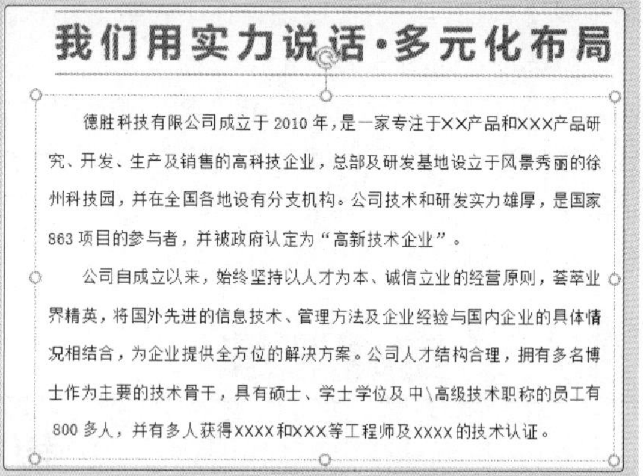

图 3-70

步骤 07 在文档中插入图片，调整其大小，并将其环绕方式设置为"浮于文字上方"，然后将图片移至页面中合适的位置，如图 3-71 所示。

步骤 08 绘制一个矩形，并为其设置填充颜色和轮廓，在矩形中输入文字，最后插入一张二维码图片，如图 3-72 所示。

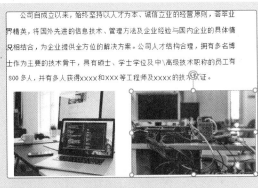

公司自成立以来，始终坚持以人才为本、诚信立业的经营原则，荟萃业
界精英，将国外先进的信息技术、管理方法及企业经验与国内企业的具体情
况相结合，为企业提供全方位的解决方案。公司人才结构合理，拥有多名博
士作为主要的技术骨干，具有硕士、学士学位及中\高级技术职称的员工有
800 多人，并有多人获得xxxx和xxx等工程师及xxxx的技术认证。

图 3-71

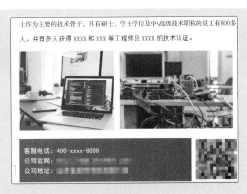

士作为主要的技术骨干，具有硕士、学士学位及中\高级技术职称的员工有800多
人，并有多人获得 xxxx 和 xxx 等工程师及 xxxx 的技术认证。
客服电话：400-xxxx-8888
公司官网：
公司地址：

图 3-72

疑难解答

Q1：如何删除页眉横线？

A： 选择页眉横线上的回车符❶，在“开始”选项卡中单击“边框”下拉按钮❷，在下拉列表中选择“无框线”选项即可❸，如图 3-73 所示。

文件
开始
插入
设计
布局
引用
邮件
审阅
视图
帮助
Times New Roman
小五
粘贴
剪贴板
字体
下框线(B)
上框线(P)
左框线(L)
右框线(R)
无框线(N)
所有框线(A)
外侧框线(S)
内部框线(I)

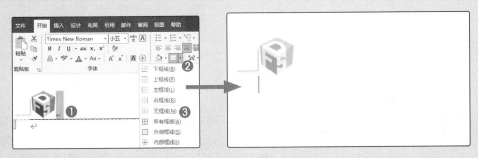

图 3-73

Q2：如何快速清除图片的格式？

A： 选中图片，在“图片工具 - 格式”选项卡中单击“重置图片”按钮即可，如图 3-74 所示。

Q3：如何将图片转换为 SmartArt 图形？

A： 选中图片，在“图片工具 - 格式”选项卡中单击“图片版式”下拉按钮，在下拉列表中选择合适的版式即可，如图 3-75 所示。

Q4：如何显示段落标记？

A： 在“开始”选项卡中单击“显示 / 隐藏编辑标记”按钮，即可显示段落标记，如图 3-76 所示。

删除背景
校正
颜色
艺术效果
调整
快速样式
图片样式
排列
裁剪
重置图片
放弃对此图片所做的全部格式更改。

图 3-74

布局
引用
邮件
审阅
视图
帮助
格式
图片边框
图片效果
图片版式

图 3-75

段落

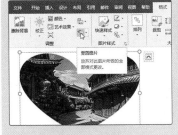

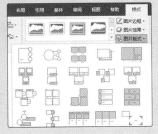

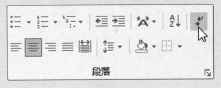

图 3-76

第4章

Word 表格的应用

在 Word 文档中不仅可以编辑文字，还可以插入表格。一般在制作课程表、请假条、值班表等文档时，都会用到表格功能，所以 Word 表格在文档中的应用是不可忽视的。本章将对 Word 表格的创建与编辑操作进行详细介绍。

4.1 表格的创建与编辑

Word 的表格功能很强大，用户在文档中可以随意创建任意行、列数的表格，并对表格进行各种编辑操作。下面将介绍在文档中如何插入表格、插入行与列、插入单元格。

4.1.1 插入表格

插入表格的方法有很多种，用户使用"表格"功能，可以快速插入 Word 内置的表格、Excel 电子表格、快速表格，还可以根据实际需要绘制表格，如图 4-1 所示。

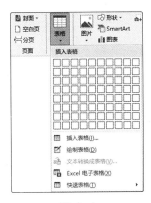

图 4-1

 [实操 4-1] 绘制"实习证明 .docx"表格

[实例资源] 第 4 章 \ 例 4-1

用户可以使用"绘制表格"功能灵活地设计表格，下面将介绍具体的操作方法。

步骤01 打开"实习证明 .docx"素材文件，在"插入"选项卡中单击"表格"下拉按钮，在下拉列表中选择"绘制表格"选项，如图 4-2 所示。

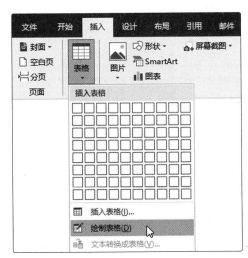

图 4-2

步骤02 此时光标变为铅笔样式，按住鼠标左键不放拖曳鼠标，绘制表格外边框，如图 4-3 所示。

图 4-3

步骤03 按照上述方法，绘制表格的行和列，如图 4-4 所示。绘制好后，按【Esc】键退出绘制即可。

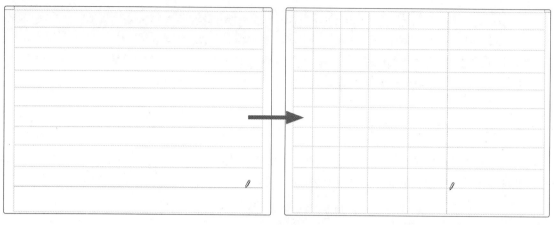

图 4-4

创建表格后，在编辑表格内容的过程中经常会遇到需要插入行与列的情况，用户可以使用功能区中的按钮插入行与列，如图 4-5 所示。

图 4-5

[实操 4-2] 在"实习证明.docx"表格中插入行与列
[实例资源] 第 4 章 \ 例 4-2

微课视频

在表格中插入行与列的方法很简单，下面将介绍如何在"实习证明"表格中插入行与列。

步骤 01 打开"实习证明.docx"素材文件，将光标定位到单元格中，在"表格工具－布局"选项卡中单击"在上方插入"按钮，如图 4-6 所示。

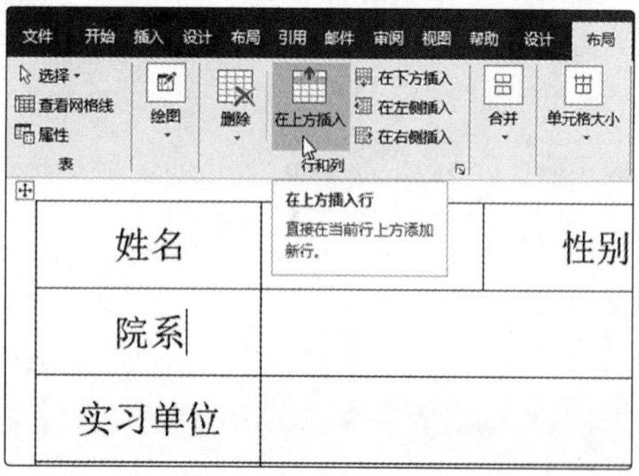

图 4-6

步骤 02 在光标所在位置的上方插入一行，如图 4-7 所示。插入列的方法与插入行的方法相同。

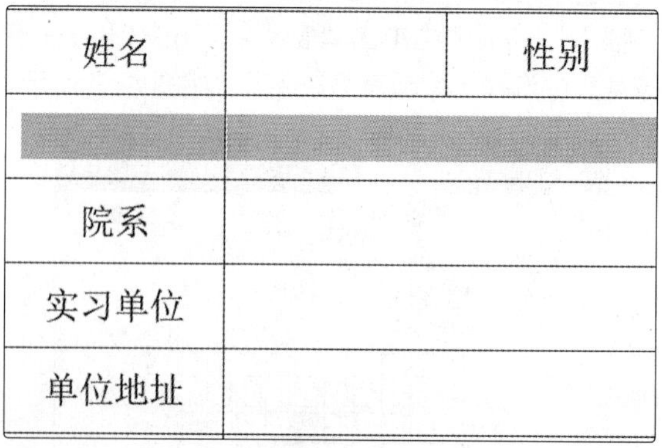

姓名		性别
院系		
实习单位		
单位地址		

图 4-7

应用秘技

除了使用功能区中的按钮插入行与列外，用户还可以通过单击行与列旁边的加号按钮"⊕"来插入行与列，如图4-8所示。

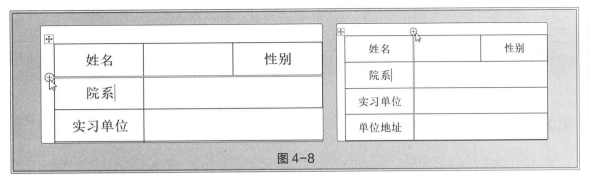

图 4-8

4.1.3 | 插入单元格

当需要在表格内增加单元格时，可以通过"插入单元格"对话框来实现。选中"活动单元格右移"单选按钮，所选单元格将向右移动，并在其左侧插入一个新单元格；选中"活动单元格下移"单选按钮（见图 4-9），所选单元格将向下移动，并在其上方插入一个新单元格。

图 4-9

[实操 4-3] 在"实习证明 .docx"表格中插入单元格

[实例资源] 第 4 章 \ 例 4-3

在制作"实习证明 .docx"表格时，如果需要插入新的单元格，则可以按照以下方法来操作。

步骤 01 打开"实习证明 .docx"素材文件，将光标定位到单元格中，在"表格工具 - 布局"选项卡中单击"行和列"选项组的对话框启动器按钮，如图 4-10 所示。

图 4-10

步骤 02 打开"插入单元格"对话框，在其中选中"活动单元格下移"单选按钮，然后单击"确定"按钮，如图 4-11 所示。

图 4-11

步骤 03 在所选单元格的上方插入一个新单元格，如图 4-12 所示。

图 4-12

应用秘技

在"表格工具-布局"选项卡中单击"删除"下拉按钮，在下拉列表中可以选择"删除单元格""删除列""删除行""删除表格"选项，如图4-13所示。

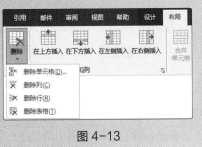

图 4-13

4.2 表格的基本操作

创建好表格后，为了调整表格的整体布局，需要对表格进行一系列的操作。下面将介绍如何拆分 / 合并表格、调整行高与列宽、拆分 / 合并单元格等。

4.2.1 拆分 / 合并表格

Word 不仅提供了表格功能，而且提供了拆分和合并表格功能。拆分表格就是将一个表格拆分成两个表格，而选中的行将作为新表格的首行。在 Word 中，拆分表格一般为横向拆分。

［实操 4-4］ 拆分 / 合并“实习证明 .docx”表格

［实例资源］ 第 4 章 \ 例 4-4

如果想要将包含大量数据的表格快速分为多个表格，则可以直接拆分。同时，也可以将多个表格合并。下面将介绍具体的操作方法。

步骤 01 拆分表格。打开“实习证明 .docx”素材文件，将光标定位到需要拆分处，在“表格工具 - 布局”选项卡中单击“拆分表格”按钮，如图 4-14 所示。

设计
布局
操作说明搜索
在右侧插入
合并单元格
拆分单元格
拆分表格
合并
自动调整
高度: 3 厘米
宽度:
单元格大小
单位负责人
电话
实习内容
拆分表格
将表格拆分为两个表格。
当前行将成为新表格的首行。

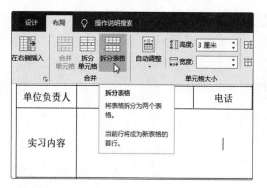

图 4-14

步骤 02 将表格以当前光标所在的单元格为基准，拆分为上、下两个表格，如图 4-15 所示。

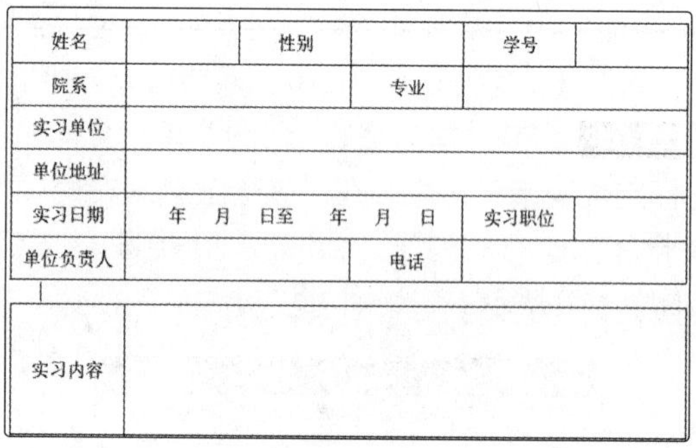

姓名
性别
学号
院系
专业
实习单位
单位地址
实习日期
年 月 日至 年 月 日
实习职位
单位负责人
电话
实习内容

图 4-15

步骤 03 合并表格。将光标定位至两个表格之间的空白处，按【Delete】键删除空白行即可。

4.2.2 调整行高与列宽

在编辑表格内容时，为了使整个表格中的内容布局更加合理，需要对表格的行高和列宽进行调整。当光标变为“÷”“+||+”形状时，就可以调整行高和列宽。

［实操 4-5］ 调整“实习证明 .docx”表格的行高与列宽

［实例资源］ 第 4 章 \ 例 4-5

用户可以根据需求使用鼠标调整行高和列宽，下面将介绍具体的操作方法。

步骤 01 调整行高。打开“实习证明 .docx”素材文件，将光标移至行下方的分隔线上，当光标变为“÷”形状时，按住鼠标左键不放拖曳鼠标，调整该行的行高，如图 4-16 所示。

步骤 02 调整列宽。将光标移至列右侧的分隔线上，当光标变为“+||+”形状时，按住鼠标左键不

放并拖曳鼠标，调整该列的列宽，如图 4-17 所示。

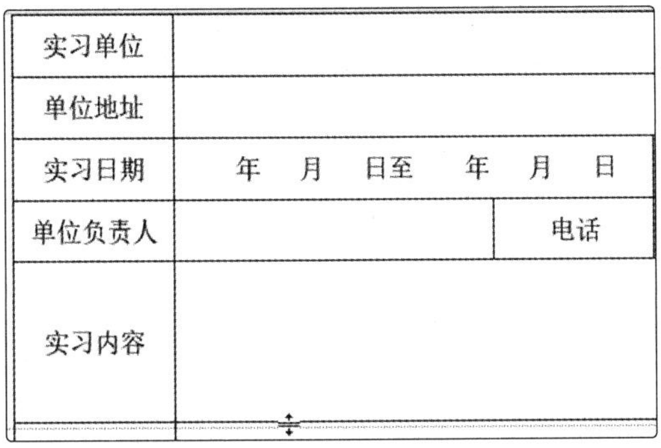

实习单位	
单位地址	
实习日期	年　月　日至　年　月　日
单位负责人	电话
实习内容	

图 4-16

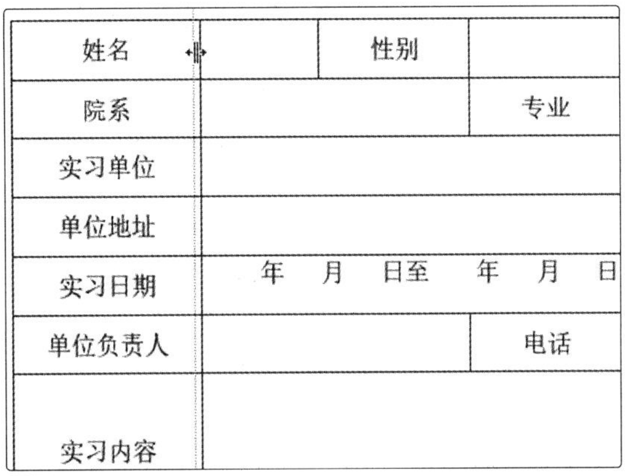

姓名		性别	
院系		专业	
实习单位			
单位地址			
实习日期	年　月　日至　年　月　日		
单位负责人		电话	
实习内容			

图 4-17

应用秘技

用户将光标定位到单元格中，在"表格工具-布局"选项卡中单击"高度"和"宽度"右侧的"▲▼"按钮，可以微调单元格所在行的行高和所在列的列宽，如图4-18所示。

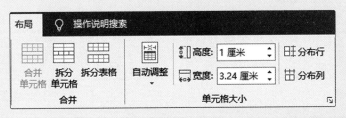

图 4-18

4.2.3 拆分 / 合并单元格

合并单元格就是将所选的多个单元格合并为一个单元格，而拆分单元格就是将所选的单元格拆分成多个单元格。

 [实操 4-6] 拆分 / 合并"实习证明 .docx"表格中的单元格
[实例资源] 第 4 章 \ 例 4-6

如果需要对单一项进行分类说明，可以拆分单元格；如果需要对多个项进行合并说明，可以合并单元格。下面将介绍具体的操作方法。

步骤01 合并单元格。打开"实习证明 .docx"素材文件，选择需要合并的两个单元格❶，在"表格工具 - 布局"选项卡中单击"合并单元格"按钮❷，如图 4-19 所示。

步骤02 将选择的两个单元格合并成一个单元格，如图 4-20 所示。

步骤03 拆分单元格。将光标定位到需要拆分的单元格中❶，在"布局"选项卡中单击"拆分单元格"按钮❷，如图 4-21 所示。

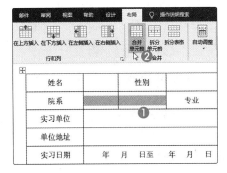

图 4-19

第 **4** 章　Word 表格的应用

51

图 4-20

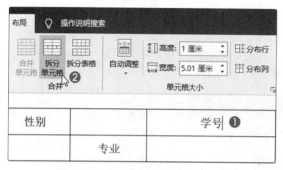

图 4-21

步骤 04 打开"拆分单元格"对话框，在"列数"和"行数"数值框中输入需要拆分的列数和行数，然后单击"确定"按钮，如图 4-22 所示。

图 4-22

步骤 05 将一个单元格拆分成两个单元格，如图 4-23 所示。

图 4-23

4.3 表格中数据的运算

在 Word 表格中可以实现简单的数据计算和排序。下面将介绍在 Word 表格中如何计算数据的乘积、数据的和，以及如何排序数据。

4.3.1 计算数据的乘积

在 Word 表格中，用户可以使用 PRODUCT 函数计算数据的乘积，这一操作通过"公式"对话框就可以实现，如图 4-24 所示。

在"公式"文本框中输入公式时，可以通过 LEFT(左边数据)、RIGHT(右边数据)、ABOVE(上边数据)、BELOW (下边数据) 来指定数据的计算方向。

在"编号格式"下拉列表中可以选择计算结果的格式。

在"粘贴函数"下拉列表中可以选择要使用的函数类型。

图 4-24

［实操 4-7］ 计算金额
［实例资源］ 第 4 章 \ 例 4-7

公式为：金额 = 数量 × 单价，用户可以在 Word 表格中运用公式计算金额。下面将介绍具体的操作方法。

步骤 01 打开"计算金额 .docx"素材文件，将光标定位到单元格中，在"表格工具 - 布局"选项卡中单击"公式"按钮，如图 4-25 所示。

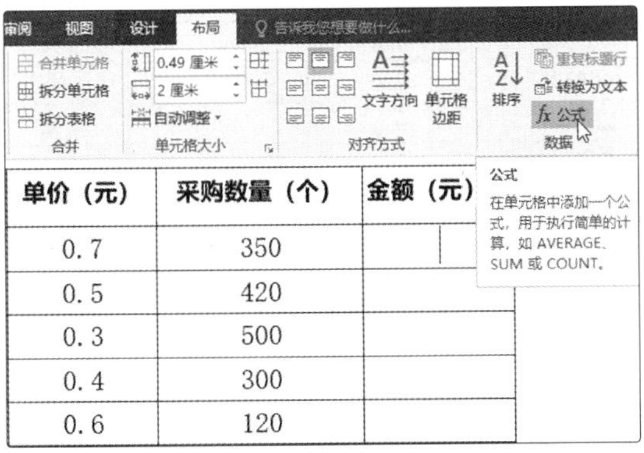

图 4-25

步骤 02 打开"公式"对话框，删除"公式"文本框中默认的公式，然后单击"粘贴函数"下拉按钮，在下拉列表中选择"PRODUCT"函数，如图 4-26 所示。

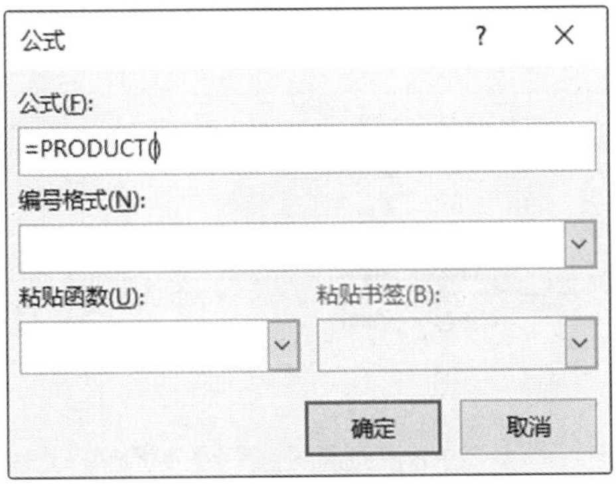

图 4-26

步骤 03 在 PRODUCT 函数后面的括号中输入"LEFT"，在"编号格式"下拉列表中选择值的数字格式，单击"确定"按钮，如图 4-27 所示。

图 4-27

步骤 04 计算出光标所在单元格中的"金额"，然后使用【F4】键，将公式复制到其他单元格中，如图 4-28 所示。

料号	单价（元）	采购数量（个）	金额（元）
X02102256	0.7	350	245
X02102257	0.5	420	210
X02102258	0.3	500	150
X02102259	0.4	300	120
X02102260	0.6	120	72
X02102261	0.5	400	200
X02102262	0.8	300	240
X02102263	0.7	400	280
总计			

图 4-28

4.3.2 计算数据的和

用户可以使用 SUM 函数来计算数据的和，其计算方法和计算数据的乘积的方法相似，同样需要通过"公式"对话框实现。

［实操 4-8］ 计算总采购数量和总金额
［实例资源］ 第 4 章 \ 例 4-8

如果需要计算数据的和，如计算总采购数量和总金额，则可以按照以下方法进行操作。

步骤 01 打开"计算总计数量和金额 .docx"素材文件，将光标定位到"总计"行的第 2 个单元格中，打开"公式"对话框，"公式"文本框中默认显示的是求和公式"=SUM(ABOVE)"，其中"ABOVE"

表示对上方数据进行求和，设置好"编号格式"后单击"确定"按钮，如图 4-29 所示。

步骤 02 计算出总采购数量，然后使用【F4】键计算总金额，如图 4-30 所示。

图 4-29

料号	单价（元）	采购数量（个）	金额（元）
X02102256	0.7	350	245
X02102257	0.5	420	210
X02102258	0.3	500	150
X02102259	0.4	300	120
X02102260	0.6	120	72
X02102261	0.5	400	200
X02102262	0.8	300	240
X02102263	0.7	400	280
总计		2790	1517

图 4-30

 新手提示

当表格数值发生变化，公式结果需要更新时，用户不需要重新计算，只需要全选表格，按【F9】键更新域即可。

4.3.3 数据排序

数据排序是按照笔画、日期、拼音或数字升序或降序排列当前所选内容，用户通过"排序"对话框，可以对数据进行排序，如图 4-31 所示。

"排序"对话框中包含"主要关键字""次要关键字""第三关键字"3 个设置区域。在排序过程中将按照"主要关键字"进行排序；若有相同记录，则按照"次要关键字"进行排序；若二者有相同记录，则按照"第三关键字"进行排序。

在"类型"下拉列表中可以选择"笔画""数字""日期""拼音"选项，用来设置按照哪种类型进行排序。

在"使用"下拉列表中选择"段落数"选项，可以将排序设置应用到每个段落上。

在"排序"对话框中，对于每个关键字，用户可以选中"升序"或"降序"单选按钮。

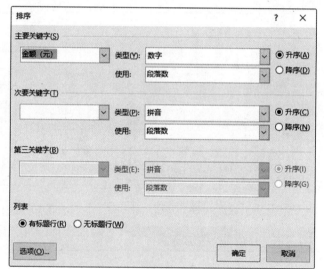

图 4-31

选中"有标题行"单选按钮，则可在关键字下拉列表中显示字段的名称。选中"无标题行"单选按钮，则可在关键字下拉列表中以"列 1""列 2""列 3"等名称表示字段列。

 [实操 4-9] 对"金额"数据进行升序排列
[实例资源] 第 4 章 \ 例 4-9

Word 表格中提供了排序功能，用户可以根据需要对数据进行排序。下面将介绍具体的操作方法。

步骤 01 打开"对'金额'进行升序排序.docx"素材文件，选择表格，在"表格工具 - 布局"选项卡中单击"排序"按钮，如图 4-32 所示。

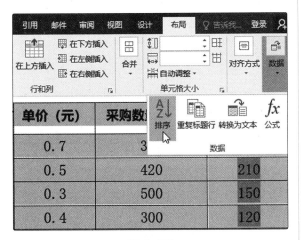

图 4-32

步骤 02 打开"排序"对话框，将"主要关键字"设置为"金额"❶，将"类型"设置为"数字"❷，选中"升序"单选按钮❸，单击"确定"按钮，如图 4-33 所示。

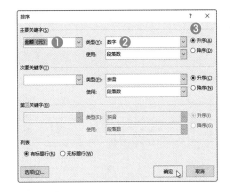

图 4-33

步骤 03 将"金额"数据按照从小到大的顺序进行升序排列，如图 4-34 所示。

料号	单价（元）	采购数量（个）	金额（元）
X02102260	0.6	120	72
X02102259	0.4	300	120
X02102258	0.3	500	150
X02102261	0.5	400	200
X02102257	0.5	420	210
X02102262	0.8	300	240
X02102256	0.7	350	245
X02102263	0.7	400	280

图 4-34

4.4 美化表格

制作好表格后，为了使表格看起来更加美观，可以对表格进行美化操作。下面将介绍如何为表格设置边框样式、设置对齐方式和套用内置表格样式。

4.4.1 为表格设置边框样式

设置边框样式就是对表格的边框线型、边框粗细和边框颜色进行设置。用户通过功能区中的按钮就可以为表格设置边框样式，如图 4-35 所示。

图 4-35

 [实操 4-10] 为"采购.docx"表格设置边框样式
[实例资源] 第 4 章 \ 例 4-10

Word 中默认的表格样式是黑色的边框，用户可以根据需要对表格进行美化操作。下面将介绍具体的操作方法。

步骤 01 打开"采购.docx"素材文件，选择表格，在"表格工具 - 设计"选项卡中单击"笔样式"下拉按钮❶，在下拉列表中选择合适的线型❷，

如图 4-36 所示。

步骤 02 单击"笔画粗细"下拉按钮❶，在下拉列表中选择"1.5 磅"选项❷，如图 4-37 所示。

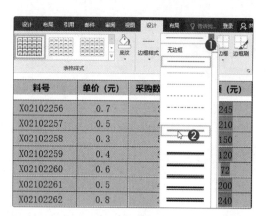

图 4-36

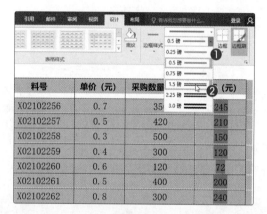

图 4-37

步骤 03 单击"笔颜色"下拉按钮，在下拉列表中选择合适的边框颜色，如图 4-38 所示。

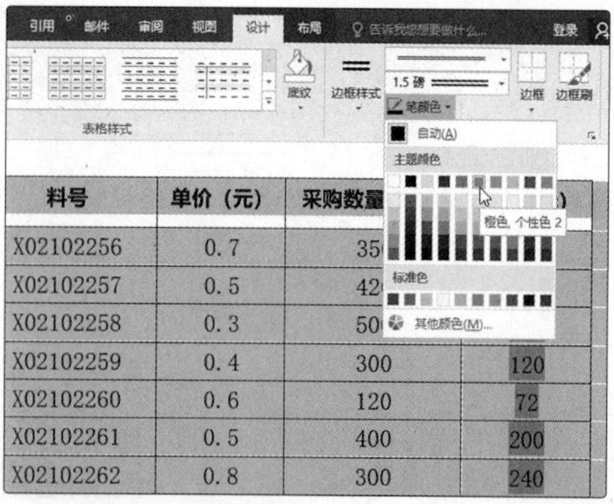

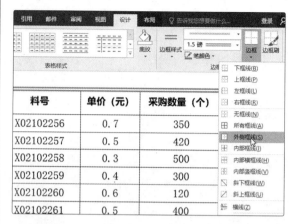

图 4-38

步骤 04 单击"边框"下拉按钮，在下拉列表中选择"外侧框线"选项，即可将选择的边框样式应用到表格的外边框上，如图 4-39 所示。

图 4-39

步骤 05 按照上述方法，再次设置边框样式，并将其应用至表格的内部框线上，效果如图 4-40所示。

料号	单价（元）	采购数量（个）	金额（元）
X02102256	0.7	350	245
X02102257	0.5	420	210
X02102258	0.3	500	150
X02102259	0.4	300	120
X02102260	0.6	120	72
X02102261	0.5	400	200
X02102262	0.8	300	240
X02102263	0.7	400	280
总计		2790	1517

图 4-40

应用秘技

　　当用户需要快速删除表格中的文本内容或表格时，可以选中表格，按【Delete】键删除表格中的文本内容，按【Backspace】键删除表格及文本内容。

4.4.2　设置对齐方式

　　在表格中输入文本内容后，可以根据需要设置文本的对齐方式。文本的对齐方式包括靠上左对齐、靠上居中对齐、靠上右对齐、中部左对齐、水平居中、中部右对齐、靠下左对齐、靠下居中对齐、靠下右对齐，具体如表 4-1 所示。

表 4-1

按钮	按钮名称	功能作用
	靠上左对齐	文字靠单元格左上角对齐
	靠上居中对齐	文字居中，并靠单元格顶部对齐
	靠上右对齐	文字靠单元格右上角对齐
	中部左对齐	文字垂直居中，并靠单元格左侧对齐
	水平居中	文字在单元格内水平和垂直居中
	中部右对齐	文字垂直居中，并靠单元格右侧对齐
	靠下左对齐	文字靠单元格左下角对齐
	靠下居中对齐	文字居中，并靠单元格底部对齐
	靠下右对齐	文字靠单元格右下角对齐

4.4.3 套用内置表格样式

Word 中内置了"普通表格""网格表""清单表"3 种类型的表格样式，用户可以直接套用以美化表格。

 [实操 4-11] 为"采购 .docx"表格套用内置表格样式
[实例资源] 第 4 章 \ 例 4-11

用户除了可以自己设置表格样式外，还可以套用系统内置表格样式。下面将介绍具体的操作方法。

步骤01 打开"采购 .docx"素材文件，选择表格，在"表格工具 - 设计"选项卡中单击"表格样式"选项组的"其他"下拉按钮，在下拉列表中选择"网格表 4- 着色 2"样式，如图 4-41 所示。

图 4-41

步骤02 将所选样式应用于所选表格中，如图 4-42 所示。

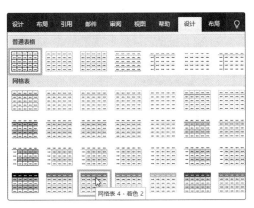

料号	单价（元）	采购数量（个）	金额（元）
X02102256	0.7	350	245
X02102257	0.5	420	210
X02102258	0.3	500	150
X02102259	0.4	300	120
X02102260	0.6	120	72
X02102261	0.5	400	200
X02102262	0.8	300	240
X02102263	0.7	400	280
总计		2790	1517

图 4-42

应用秘技

如果用户要为表格添加底纹，则可以选择单元格，在"表格工具-设计"选项卡中单击"底纹"下拉按钮，在下拉列表中选择合适的颜色，如图4-43所示。

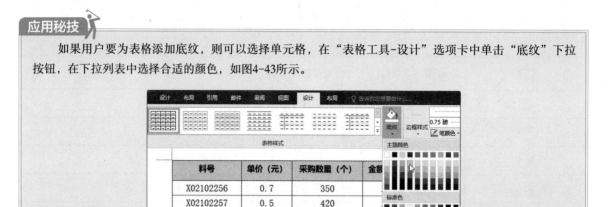

图 4-43

4.5 文本与表格的相互转换

若想将大量的文本转换为表格，或者将表格转换为文本，可以利用 Word 中的转换功能来实现。

4.5.1 将文本转换为表格

将文本转换为表格，不需要插入表格后逐项复制粘贴文本内容，只需要使用"表格"功能即可实现。

[实操 4-12] 将文本转换成表格

[实例资源] 第 4 章 \ 例 4-12

有时用户需要将大量的文本转换成表格，为了节省时间，可以按照以下方法进行操作。

步骤 01 打开"采购 .docx"素材文件，选择文本，在"插入"选项卡中单击"表格"下拉按钮，在下拉列表中选择"文本转换成表格"选项，如图 4-44 所示。

步骤 02 打开"将文字转换成表格"对话框，保持各选项的默认状态，单击"确定"按钮，即可将文本转换成表格，如图 4-45 所示。

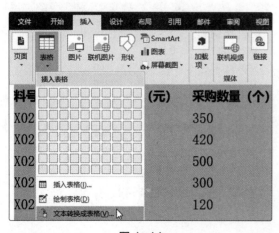

图 4-44

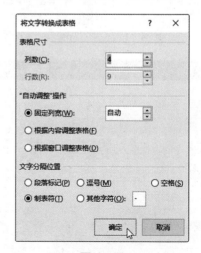

图 4-45

4.5.2 将表格转换为文本

如果需要将表格转换为文本，则可以使用 Word 中的"转换为文本"功能实现。

[实操 4-13] 将"采购 .docx"表格转换为文本

[实例资源] 第 4 章 \ 例 4-13

当需要将表格中的大量数据转换为文本时，可以按照以下方法进行操作。

步骤01 打开"采购 .docx"素材文件，选择表格，在"表格工具－布局"选项卡中单击"转换为文本"按钮，如图 4-46 所示。

步骤02 打开"表格转换成文本"对话框，直接单击"确定"按钮，即可将表格转换成文本，如图 4-47 所示。

图 4-46

图 4-47

制作学生健康登记表

下面将通过制作学生健康登记表，温习和巩固前面所学知识，其具体操作步骤如下。

步骤01 新建一个空白文档，在"插入"选项卡中单击"表格"下拉按钮❶，在下拉列表中选择"插入表格"选项❷，如图 4-48 所示。

步骤02 打开"插入表格"对话框，在"列数"数值框中输入"8"，在"行数"数值框中输入"20"，单击"确定"按钮，如图 4-49 所示。

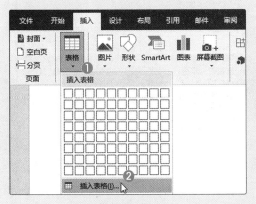

图 4-48

图 4-49

第 **4** 章 Word 表格的应用

步骤 03 插入一个 20 行 8 列的表格后，用户可以根据需要合并所需单元格，如图 4-50 所示。

图 4-50

步骤 04 在表格中输入相关内容，然后调整表格的行高和列宽，如图 4-51 所示。

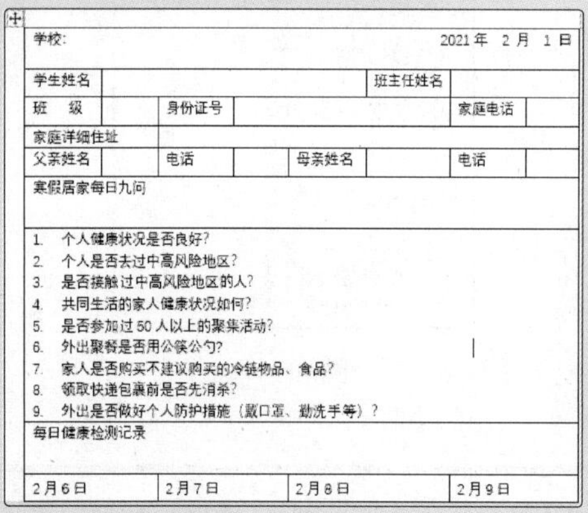

图 4-51

步骤 05 选择单元格，在"表格工具 - 布局"选项卡中单击"对齐方式"选项组的"水平居中"按钮，将文本对齐方式设置为居中对齐，如图 4-52 所示。

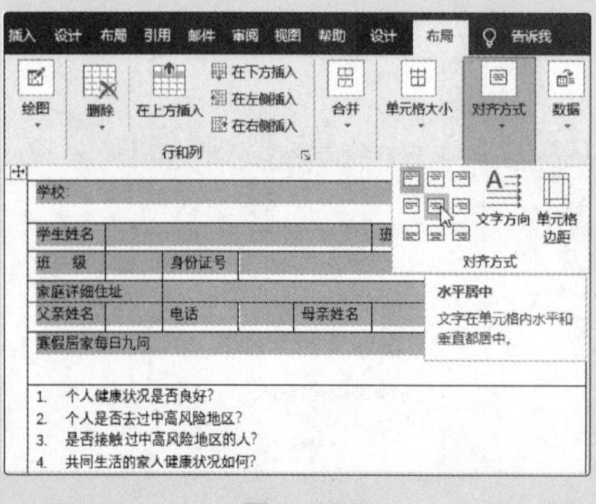

图 4-52

步骤 06 按照上述方法，设置其他文本的对齐方式，并设置文本的字体格式，如图 4-53 所示。

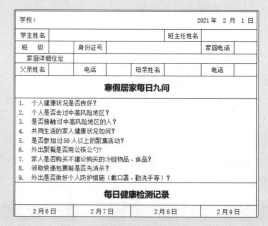

图 4-53

步骤 07 选择表格，在"表格工具 - 设计"选项卡中单击"表格样式"选项组的"其他"下拉按钮，如图 4-54 所示。

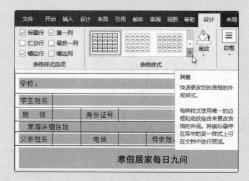

图 4-54

步骤 08 在下拉列表中选择"网格表 6 彩色 - 着色 4"样式，如图 4-55 所示。

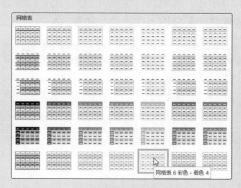

图 4-55

步骤 09 为表格套用所选样式，如图 4-56 所示。

图 4-56

疑难解答

Q1: 如何在表格中快速输入序号？

A: 选择单元格，如图 4-57 所示。在"开始"选项卡中单击"编号"下拉按钮❶，在下拉列表中选择"编号对齐方式：居中"选项即可❷，如图 4-58 所示。

图 4-57

图 4-58

Q2: 如何插入斜线表头？

A: 将光标定位到单元格中，在"开始"选项卡中单击"边框"下拉按钮❶，在下拉列表中选择"斜下框线"选项即可❷，如图 4-59 所示。

Q3: 如何去除表格后面多余的空白页？

A: 将光标定位于最后的空白页中，单击鼠标右键，在弹出的快捷菜单中选择"段落"，打开"段落"对话框，将"行距"设置为"固定值"，将"设置值"设置为"1 磅"，如图 4-60 所示。然后单击"确定"按钮即可。

图 4-59

图 4-60

第 5 章

长文档的编辑

制作一些长文档时，如论文、合同、标书等，只掌握 Word 的基本功能远远不够，要想高效地完成文档的编辑操作，还需要掌握审阅功能的应用、文档样式的应用、文档目录的提取等。本章将对长文档的编辑操作进行详细介绍。

5.1 审阅功能的应用

文档制作完成后，可以通过 Word 的审阅功能对文档进行校对、翻译、添加批注、修订等操作。下面将详细介绍文档的审阅功能。

5.1.1 校对文本

校对文本包括对文本进行拼写检查和字数统计。在"字数统计"对话框中，用户可以查看文档的页数、字数、字符数、段落数、行数、非中文单词数等，如图 5-1 所示。

图5-1

 [实操 5-1] 检查文档中的拼写错误

[实例资源] 第 5 章 \ 例 5-1

在文档中输入英文单词，可能会由于疏忽而出现拼写错误，此时用户可以对文档进行拼写检查。

步骤 01 打开"检查文档中的拼写错误 .docx"素材文件，在"审阅"选项卡中单击"拼写和语法"按钮，如图 5-2 所示。

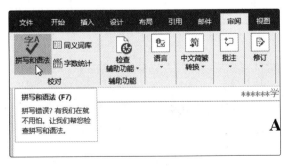

图 5-2

步骤 02 此时弹出"拼写检查"窗格，其中显示了检查出的错误单词❶，并在下方的列表框中给出了一些正确的选项，用户在列表框中选择正确的单词❷，然后单击"更改"按钮❸，即可将文档

中错误的单词更改成正确的单词，如图 5-3 所示。

图 5-3

步骤 03 更改完成后，系统会继续弹出检查到的错误单词，用户可以根据需要进行更改或忽略。

5.1.2 翻译文档

Word 的审阅功能非常强大，可以将所选文本翻译为不同语言，还可以设置文档的校对语言和语言首选项。

［实操 5-2］ 将中文翻译成英文

［实例资源］ 第 5 章 \ 例 5-2

当需要在文档中输入英文内容时，用户可以将中文内容直接翻译成英文内容。下面将介绍具体的操作方法。

步骤 01 打开“将中文翻译成英文 .docx”素材文件，选择文本，在“审阅”选项卡中单击“翻译”下拉按钮，在下拉列表中选择“翻译所选文字”选项，如图 5-4 所示。

文件 开始 插入 设计 布局 引用 邮件 审阅 视图 帮助
校对
检查辅助功能
辅助功能
语言
中文简繁转换
批注
修订
更改
比较
翻译
语言
更新输入法词典
翻译文档[中文(中国) 至 阿萨姆语](T)
使用联机翻译服务翻译文档
翻译所选文字(S)
将所选文本翻译为不同语言
翻译屏幕提示[中文(中国)](M)
光标悬停在字词或所选的段落上可快速进行翻译。
选择翻译语言(L)...

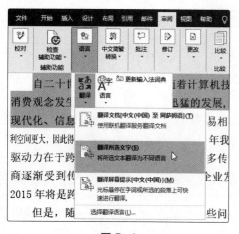

图 5-4

步骤 02 弹出一个提示对话框，直接单击“是”按钮，弹出“信息检索”窗格，将“目标语言”设置为“英语（美国）”❶，然后单击“插入”按钮❷，如图 5-5 所示。

信息检索
搜索:
自二十世纪六十年代以来，随着计算机技术和通信技术的不断进步,人们的消费观念发生改变,电子商
翻译
返回
翻译
翻译一个单词或句子。
源语言 中文(中国)
目标语言 英语(美国) ❶
翻译整个文档。
翻译选项...
Microsoft® Translator
Since the 1960s, with the continuous progress of computer technology and communication technology, people's consumption concept has changed, e-commerce has been developing rapidly, and promoted the operation of international trade to modern, information-based direction.
插入(I) ❷

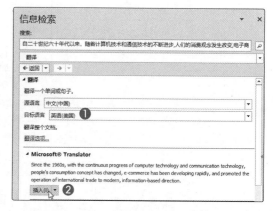

图 5-5

步骤 03 将系统翻译的英文插入文档中，如图 5-6 所示。

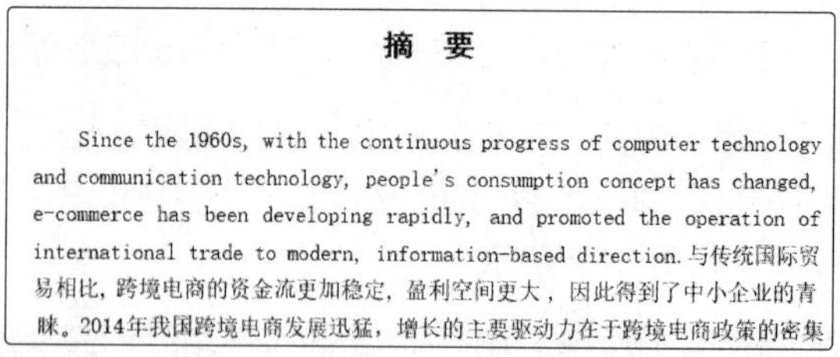

摘　要
Since the 1960s, with the continuous progress of computer technology and communication technology, people's consumption concept has changed, e-commerce has been developing rapidly, and promoted the operation of international trade to modern, information-based direction. 与传统国际贸易相比，跨境电商的资金流更加稳定，盈利空间更大，因此得到了中小企业的青睐。2014年我国跨境电商发展迅猛，增长的主要驱动力在于跨境电商政策的密集

图 5-6

应用秘技

如果用户想要将翻译的内容复制到其他文档中，则在“信息检索”窗格中单击“插入”下拉按钮，在下拉列表中选择“复制”选项，如图5-7所示。然后打开其他文档，按【Ctrl+V】组合键粘贴，如图5-8所示。

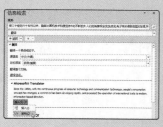

图 5-7

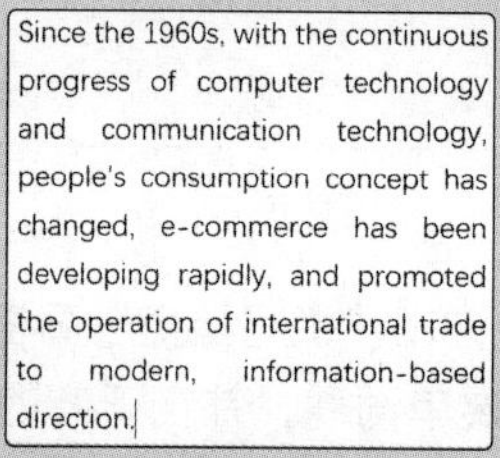

Since the 1960s, with the continuous progress of computer technology and communication technology, people's consumption concept has changed, e-commerce has been developing rapidly, and promoted the operation of international trade to modern, information-based direction.

图 5-8

5.1.3 | 添加批注

检查文档时，如果需要对文档中的某些内容提出意见或建议，则可以为其添加批注。用户使用"新建批注"功能即可添加批注，如图 5-9 所示。

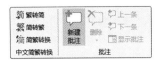

图 5-9

[实操 5-3] 为文档添加批注

[实例资源] 第 5 章 \ 例 5-3

微课视频

为文本内容添加批注很简单，用户可以按照以下方法进行操作。

步骤 01 打开"论文 .docx"素材文件，选择文本，在"审阅"选项卡中单击"新建批注"按钮，如图 5-10 所示。

图 5-10

步骤 02 此时文档的右侧会出现一个批注框，用户可在批注框中输入相关内容，如图 5-11 所示。

步骤 03 如果用户想要删除批注，则可以单击"删除"下拉按钮，在下拉列表中根据需要进行选择。单击"上一条""下一条"按钮，可以一条一条地查看批注信息，如图 5-12 所示。

图 5-11

图 5-12

5.1.4 | 修订文档

在查阅他人文档时，如果发现文档中有需要修改的地方，则可以使用"修订"功能进行修改，如图 5-13 所示。这样，原作者就能明确哪些地方进行了改动。

图 5-13

[实操 5-4] 修订文档

[实例资源] 第 5 章 \ 例 5-4

微课视频

批注可以给原作者一个大致的修改建议，而修订可以更加直观地表达自己的观点。下面将介绍如何修订文档。

步骤 01 打开"论文.docx"素材文件，在"审阅"选项卡中单击"修订"按钮，使其呈选中状态，然后在文档中对文本进行修改、删除和添加操作，如图 5-14 所示。

图 5-14

步骤 02 如果想要更改修订标记的显示方式，则可以单击"显示标记"下拉按钮❶，在下拉列表中选择"批注框"选项❷，并在其级联菜单中选择"以嵌入方式显示所有修订"选项❸，如图 5-15 所示。

图 5-15

步骤 03 修订文本后，会以嵌入方式显示修订标记，如图 5-16 所示。添加的内容会改色并添加下划线，删除的内容会改色并添加删除线，修改的内容会显示先删除后添加的格式标记。

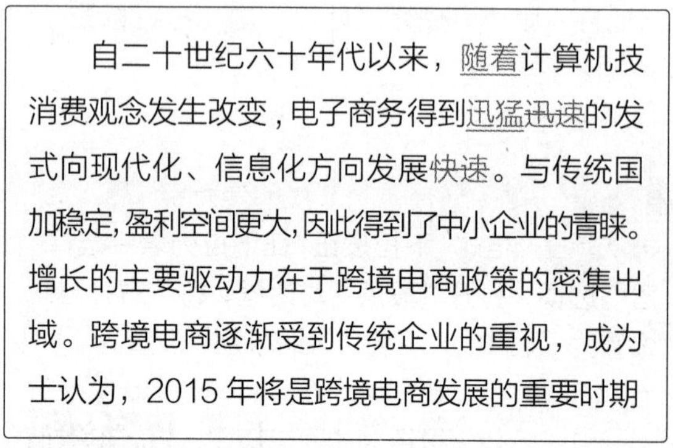

自二十世纪六十年代以来，随着计算机技消费观念发生改变，电子商务得到迅猛迅速的发式向现代化、信息化方向发展快速。与传统国加稳定，盈利空间更大，因此得到了中小企业的青睐。增长的主要驱动力在于跨境电商政策的密集出域。跨境电商逐渐受到传统企业的重视，成为士认为，2015 年将是跨境电商发展的重要时期

图 5-16

步骤 04 如果接受修订，则单击"接受"下拉按钮，在下拉列表中根据需要进行选择，如图 5-17 所示。

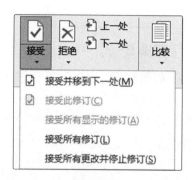

图 5-17

步骤 05 如果拒绝修订，则单击"拒绝"下拉按钮，在下拉列表中根据需要进行选择，如图 5-18 所示。

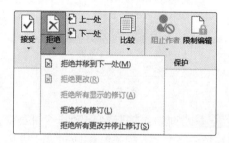

图 5-18

 新手提示

当用户不需要修订文档时，就要单击"修订"按钮以取消其选中状态，否则文档会一直处于修订状态。

5.2 文档样式的应用

样式就是字符格式和段落格式的集合。在文档中使用样式，可以避免对内容进行重复的格式化操作。下面将介绍标题样式和正文样式的应用。

5.2.1 标题样式

Word 中内置了多种标题样式，包括"标题 1""标题 2""标题"等，用户使用"样式"功能可以为标题直接套用内置的样式，如图 5-19 所示。

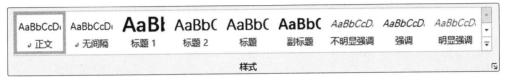

图 5-19

 [实操 5-5] 新建标题样式
[实例资源] 第 5 章\例 5-5

微课视频

如果 Word 内置的标题样式不能满足需求，用户可以自己新建一个标题样式。下面将介绍具体的操作方法。

步骤 01 打开"标题样式 .docx"素材文件，选择标题，在"开始"选项卡中单击"样式"下拉按钮，在下拉列表中选择"创建样式"选项，如图 5-20 所示。

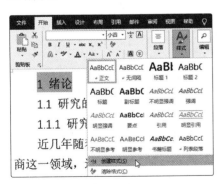

图 5-20

步骤 02 打开"根据格式化创建新样式"对话框，在"名称"文本框中输入"标题样式"，单击"修改"按钮，如图 5-21 所示。

步骤 03 弹出"根据格式化创建新样式"对话框，在其中单击"格式"下拉按钮❶，在下拉列表中选择"字体"选项❷，打开"字体"对话框，将"中文字体"设置为"微软雅黑"❸，将"字形"

设置为"加粗"❹，将"字号"设置为"三号"❺，如图 5-22 所示。然后单击"确定"按钮。

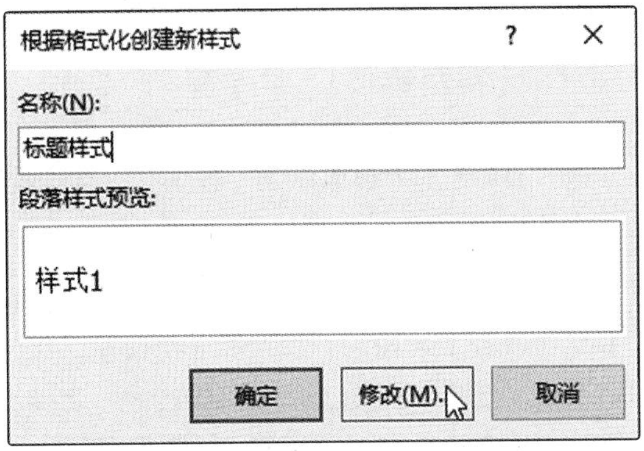

图 5-21

步骤 04 返回"根据格式化创建新样式"对话框，再次单击"格式"下拉按钮，在下拉列表中选择"段落"选项，打开"段落"对话框，将"对齐方式"设置为"居中"❶，将"大纲级别"设置为"1 级"❷，将"段前"和"段后"间距均设置为"1 行"❸，将"行距"设置为"固定值"，将"设置值"设置为"18 磅"❹，然后单击"确定"按钮，如图 5-23 所示。

图 5-22

步骤 05 返回"根据格式化创建新样式"对话框，直接单击"确定"按钮，即可将新建的标题样式应用于所选标题文本，如图 5-24 所示。

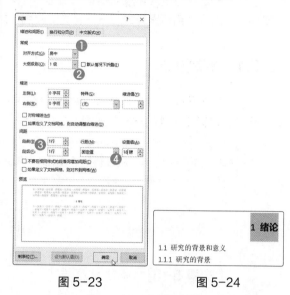

图 5-23　　　　　　图 5-24

5.2.2　正文样式

在文档中输入内容后，文本样式默认为"正文"样式，用户可以使用"正文"样式对文档内容的格式进行统一修改。

　[实操 5-6]　修改正文样式
　[实例资源]　第 5 章 \ 例 5-6

输入文本后，字体默认为"等线"，字号默认为"五号"，用户可以通过修改"正文"样式，来设置文本的格式。

步骤 01 打开"正文样式 .docx"素材文件，在"开始"选项卡中单击"样式"下拉按钮，在下拉列表的"正文"样式上单击鼠标右键，在弹出的快捷菜单中选择"修改"选项，如图 5-25 所示。

步骤 02 打开"修改样式"对话框，在"格式"区域将字体设置为"宋体"❶，将字号设置为"小四"❷，单击"格式"下拉按钮❸，在下拉列表中选择"段落"选项❹，如图 5-26 所示。

图 5-25

图 5-26

步骤03 打开"段落"对话框,将"特殊"设置为"首行"❶,将"缩进值"设置为"2字符"❷,将"行距"设置为"固定值"❸,将"设置值"设置为"20磅"❹,如图5-27所示。然后单击"确定"按钮。

图 5-27

步骤04 返回"修改样式"对话框,直接单击"确定"按钮,即可将正文样式修改为统一的格式,如图5-28所示。

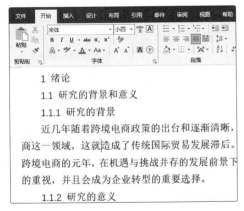

图 5-28

应用秘技

用户为标题套用内置样式后,可以在"开始"选项卡中修改样式的字体格式和段落格式,如图5-29所示。接着在样式上单击鼠标右键,在弹出的快捷菜单中选择"更新 标题2以匹配所选内容"选项,即可将套用了"标题2"样式的标题格式统一更改为修改的格式,如图5-30所示。

图 5-29

图 5-30

5.3 文档目录的提取

对于长篇文档来说,为了方便查看相关内容,需要制作目录。下面将介绍如何插入目录、更新和删除目录。

5.3.1 插入目录

目录在文档中起着非常重要的作用,用户通过"目录"功能,可以自动引用目录,如图5-31所示。

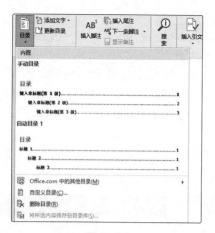

图 5-31

新手提示

在引用目录之前，用户必须为标题设置样式或大纲级别，否则无法自动提取目录。

 [实操 5-7] 插入自定义目录

[实例资源] 第 5 章 \ 例 5-7

微课视频

除了可以插入内置的目录样式外，用户还可以自定义目录样式。下面将介绍具体的操作方法。

步骤 01 打开"论文 .docx"素材文件，将光标定位到空白页中，在"引用"选项卡中单击"目录"下拉按钮，在下拉列表中选择"自定义目录"选项，如图 5-32 所示。

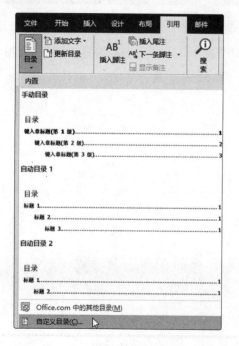

图5-32

步骤 02 打开"目录"对话框，在"目录"选项卡中可以设置目录的页码显示方式、制表符前导

符样式、格式、显示级别等。单击"修改"按钮，打开"样式"对话框，在"样式"列表框中选择一级标题样式，单击"修改"按钮，如图 5-33 所示。

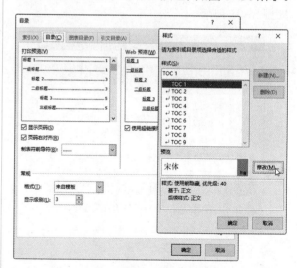

图 5-33

步骤 03 打开"修改样式"对话框，在其中设置一级标题样式的字体格式和段落格式，单击"确定"按钮，返回"样式"对话框。按照同样的方法，设置二级标题样式、三级标题样式的格式，然后单击"确定"按钮，如图 5-34 所示。

步骤 04 将目录按照自定义的样式提取出来，如图 5-35 所示。

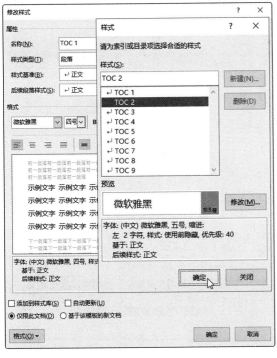

图 5-34

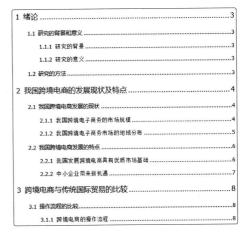
图 5-35

应用秘技

在"样式"对话框的"样式"列表框中，"TOC1"是目录中的一级标题样式，"TOC2"是二级标题样式，"TOC3"是三级标题样式。

5.3.2 更新和删除目录

如果用户对正文中的标题进行了修改，则目录中的标题也需要进行相应的更新。用户通过功能区中的按钮和目录上方的按钮可以对目录进行更新操作，如图 5-36 和图 5-37 所示。

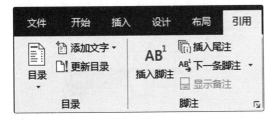

图 5-36

图 5-37

如果用户想要删除目录，可单击"目录"下拉按钮，在下拉列表中选择"删除目录"选项。

应用秘技

在引用目录时，默认目录标题都是带有超链接的，只要按住【Ctrl】键，并单击目录标题，就会快速跳转到标题对应的正文位置。如果用户想要取消目录超链接，可以先选中目录，然后按【Ctrl+Shift+F9】组合键。

🏆 实战演练

批量制作邀请函

下面将通过批量制作邀请函，温习和巩固前面所学知识，其具体操作步骤如下。

微课视频

步骤 01 打开 Excel 工作表，将邀请人的姓名输入其中，如图 5-38 所示。

图 5-38

步骤 02 打开文档，在"邮件"选项卡中单击"选择收件人"下拉按钮①，在下拉列表中选择"使用现有列表"选项②，如图 5-39 所示。

图 5-39

步骤 03 打开"选取数据源"对话框，在其中选择"名单"工作表，单击"打开"按钮，如图 5-40 所示。

图 5-40

步骤 04 此时弹出"选择表格"对话框，选择工作表名称，单击"确定"按钮，如图 5-41 所示。

图 5-41

步骤 05 将光标定位到"尊敬的先生/女士："文本后面，在"邮件"选项卡中单击"插入合并域"下拉按钮，在下拉列表中选择"姓名"选项，如图 5-42 所示。

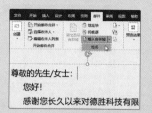

图 5-42

步骤 06 插入"姓名"域后，在"开始"选项卡中将"字体"设置为"宋体"，将"字号"设置为"二号"，并加粗显示，如图 5-43 所示。

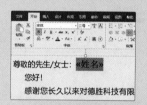

图 5-43

步骤 07 在"邮件"选项卡中单击"完成并合并"下拉按钮，在下拉列表中选择"编辑单个文档"选项，如图 5-44 所示。打开"合并到新文档"对话框，选中"全部"单选按钮，然后单击"确定"按钮，如图 5-45 所示。

图 5-44

图 5-45

步骤 08 批量生成的邀请函如图 5-46 所示。

图 5-46

疑难解答

Q1：如何自动检查拼写错误？

A： 打开"文件"菜单，选择"选项"选项，打开"Word 选项"对话框，选择"校对"选项，在右侧勾选"键入时检查拼写""键入时标记语法错误""随拼写检查语法"复选框，然后单击"确定"按钮，如图 5-47 所示。此时自动将拼写或语法错误的单词用波浪线标记出来，如图 5-48 所示。

图 5-47

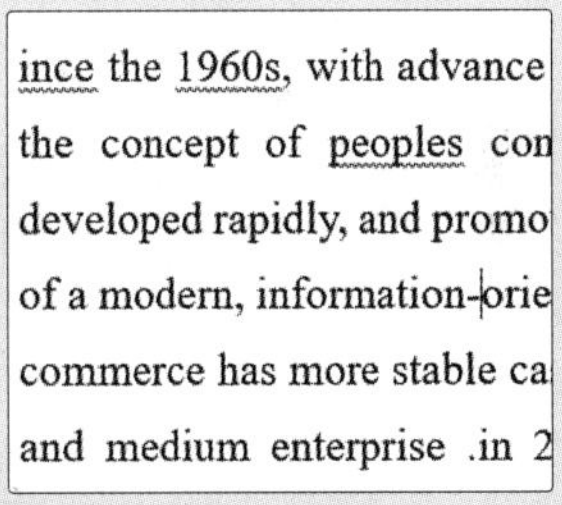

ince the 1960s, with advance
the concept of peoples con
developed rapidly, and promo
of a modern, information-orie
commerce has more stable ca
and medium enterprise .in 2

图 5-48

Q2：如何隐藏批注？

A： 在"审阅"选项卡中单击"显示标记"下拉按钮，在下拉列表中取消对"批注"选项的勾选即可，如图 5-49 所示。

Q3：如何显示隐藏的修订标记？

A： 在"审阅"选项卡中单击"显示以供审阅"下拉按钮❶，在下拉列表中选择"所有标记"选项❷，即可将隐藏的修订标记显示出来，如图 5-50 所示。

图 5-49

图 5-50

第6章

日常报表的制作

在日常办公中，用户经常需要使用 Excel 制作各种类型的报表。Excel 的便捷之处在于用户在 Excel 中能够轻松输入大量数据，并将数据规范整理成便于阅读的报表。本章将对日常报表的制作进行详细介绍。

制作报表的前提是输入内容，这看似很简单，其实有很多技巧。下面将介绍如何输入文本型数据、输入数值型数据、输入日期与时间、输入有序数据、输入相同数据、限制数据输入等。

6.1.1 输入文本型数据

文本型数据包括中 / 英文字符、空格、标点符号、特殊符号等。如果单元格中输入的数据包含一个或多个文本型字符，那么整个单元格中的数据就会被视为文本型数据。此外，在文本单元格中输入的数字也会被视为文本型数据，而且单元格左上角通常会出现一个绿色的小三角形，如图 6-1 所示。

文本型数据	文本型数据	文本型数据	文本型数据
001	德胜科技	Word	?
920321199204301587	德胜在线	Excel	""
3.4	德胜课堂	PPT	;

图 6-1

[实操 6-1] 输入 18 位的身份证号码

[实例资源] 第 6 章 \ 例 6-1

用户在单元格中输入身份证号码后，数字通常以科学记数法显示，要想输入超过 11 位的数字，则可以将单元格格式设置为"文本"格式。

步骤01 打开"输入文本型数据 .xlsx"素材文件，选择 G2:G14 单元格区域，在"开始"选项卡中单击"数字格式"下拉按钮❶，在下拉列表中选择"文本"选项❷，如图 6-2 所示。

图 6-2

步骤02 在 G2:G14 单元格区域输入 18 位的身份证号码，如图 6-3 所示。

	G	H	I
1	身份证号码	性别	出生日期
2	34★★★★★★★★★★★★★★48	女	1992-08-05
3	34★★★★★★★★★★★★★★73	男	1995-08-05
4	34★★★★★★★★★★★★★★61	女	1989-11-21
5	34★★★★★★★★★★★★★★58	男	1985-08-05
6	34★★★★★★★★★★★★★★32	男	1992-08-05
7	34★★★★★★★★★★★★★★27	女	1995-08-05
8	34★★★★★★★★★★★★★★64	女	1989-11-21
9	34★★★★★★★★★★★★★★35	男	1985-08-05
10	34★★★★★★★★★★★★★★19	男	1992-08-05

图 6-3

应用秘技

用户选择单元格区域后，按【Ctrl+1】组合键，打开"设置单元格格式"对话框，在"数字"选项卡的"分类"列表框中选择"文本"选项，也可以将单元格格式设置为"文本"格式，如图6-4所示。

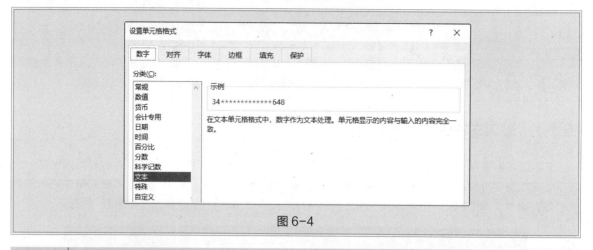

图 6-4

6.1.2 输入数值型数据

数值型数据除了包括数字外，还包括百分数、会计专用数据、分数、科学计数法表示的数据等，如图 6-5 所示。输入数值型数据时，Excel 会自动将数据沿单元格右边对齐。

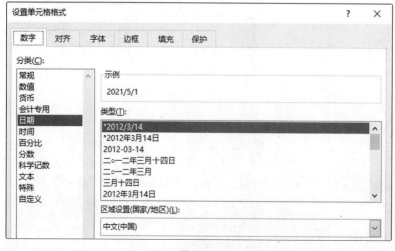

图 6-5

应用秘技

想要输入真分数（不含整数部分且分子小于分母的分数），需要在单元格中先输入"0"，然后按空格键，再输入"1/2"，按【Enter】键后，就能成功地在单元格中输入"1/2"了。

6.1.3 输入日期与时间

标准日期分为长日期和短日期两种类型。长日期以"2021 年 5 月 1 日"的格式显示，短日期以"2021/5/1"的格式显示。

在单元格中输入日期后，可以在"设置单元格格式"对话框中设置日期的显示类型，如图 6-6 所示；或者在"数字格式"下拉列表中设置短日期和长日期格式，如图 6-7 所示。

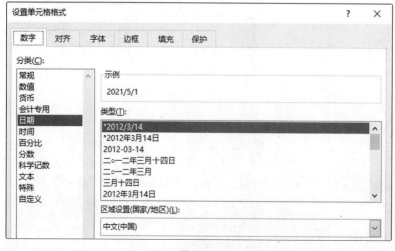

图 6-6

图 6-7

[实操 6-2] 输入"入职时间"

[实例资源] 第 6 章 \ 例 6-2

在单元格中输入入职时间"2020-3-1",按【Enter】键后,时间会以"2020/3/1"的格式显示;如果想以"2020-03-01"的格式显示,则可以自定义日期格式。

步骤01 打开"输入日期与时间.xlsx"素材文件,选择 F2:F14 单元格区域,按【Ctrl+1】组合键,打开"设置单元格格式"对话框,在"分类"列表框中选择"自定义"选项❶,在"类型"文本框中输入"yyyy-mm-dd"❷,单击"确定"按钮,如图 6-8 所示。

步骤02 此时,"入职时间"的格式由"2020/3/1"变成"2020-03-01",如图 6-9 所示。

图 6-8

姓名	部门	岗位	入职时间
李萌	财务部	财务主管	2020-03-01
孙杨	财务部	会计	2020-03-08
刘雯	财务部	会计	2020-03-08
赵佳	财务部	出纳	2020-03-10
刘洋	财务部	财务主管	2020-03-01
韩梅	财务部	会计	2020-03-08
郭美	财务部	会计	2020-03-08
许宣	财务部	出纳	2020-03-10
吴乐	财务部	财务主管	2020-03-01
王晓	财务部	会计	2020-03-08
刘云	财务部	会计	2020-03-08
岳鹏	财务部	出纳	2020-03-10
周珂	财务部	财务主管	2020-03-01

图 6-9

6.1.4 输入有序数据

类似"1,2,3,4,..." "2021/3/1,2021/3/2,2021/3/3,..." "TD0001,TD0002,TD0003,..."这些形式的数据就是有序数据。用户可以使用填充柄来输入有序数据,如图 6-10 所示。

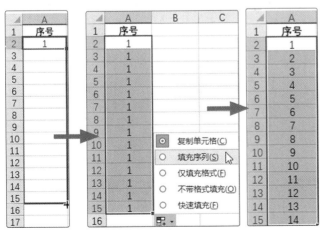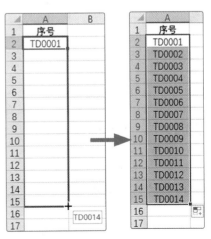

图 6-10

［实操 6-3］ 输入“序号”列数据

［实例资源］ 第 6 章 \ 例 6-3

除了可以使用填充柄来输入有序数据外，用户还可以使用公式输入“序号”列数据。下面将介绍具体的操作方法。

步骤 01 打开“输入有序数据 .xlsx”素材文件，选择 A2 单元格，输入公式“=ROW()-1”，按【Enter】键确认，计算出结果，如图 6-11 所示。

	A	B	C	D	E
1	序号	员工工号	姓名	部门	岗位
2	1	TD0001	李萌	财务部	财务主管
3		TD0002	孙杨	财务部	会计
4		TD0003	刘雯	财务部	会计
5		TD0004	赵佳	财务部	出纳
6		TD0005	刘洋	财务部	财务主管
7		TD0006	韩梅	财务部	会计
8		TD0007	郭美	财务部	会计
9		TD0008	许宣	财务部	出纳
10		TD0009	吴乐	财务部	财务主管

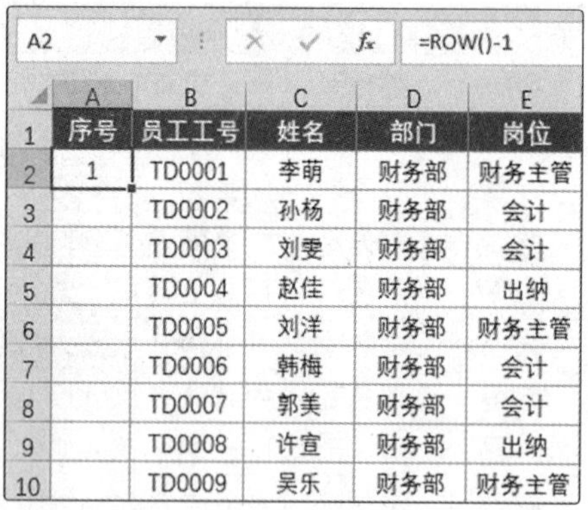

图 6-11

步骤 02 选择 A2 单元格，将光标移至单元格右下角，当光标变为“+”形状时，按住鼠标左键不放向下拖曳鼠标填充公式，输入“序号”列数据，如图 6-12 所示。

	A	B	C	D	E
1	序号	员工工号	姓名	部门	岗位
2	1	TD0001	李萌	财务部	财务主管
3	2	TD0002	孙杨	财务部	会计
4	3	TD0003	刘雯	财务部	会计
5	4	TD0004	赵佳	财务部	出纳
6	5	TD0005	刘洋	财务部	财务主管
7	6	TD0006	韩梅	财务部	会计
8	7	TD0007	郭美	财务部	会计
9	8	TD0008	许宣	财务部	出纳
10	9	TD0009	吴乐	财务部	财务主管

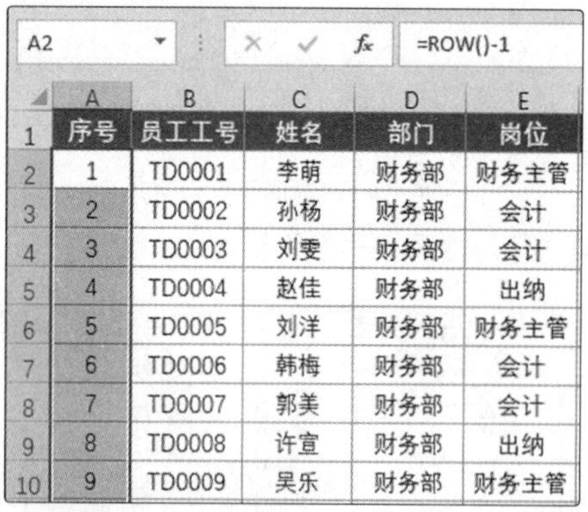

图 6-12

步骤 03 此时，用户无论删除哪一行，序号的顺序都保持不变。

应用秘技

当需要填充的数据较多，且对生成的序列有明确的数量、间隔要求时，用户可以使用“序列”对话框来操作。在“开始”选项卡中单击“填充”下拉按钮❶，在下拉列表中选择“序列”选项❷，如图6-13所示。在打开的“序列”对话框中，可以设置序列的类型、步长值、终止值等，如图6-14所示。

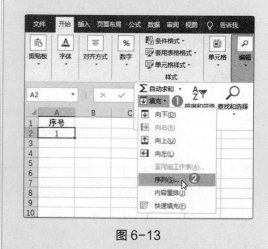

图 6-13

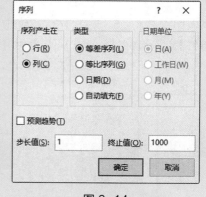

图 6-14

6.1.5 输入相同数据

当需要在表格中输入相同数据时，为了节省时间，用户可以使用【Ctrl+C】和【Ctrl+V】组合键进行输入，如图 6-15 所示；或者使用【Ctrl+D】组合键进行填充，如图 6-16 所示；也可以使用拖曳鼠标的方式进行填充，如图 6-17 所示。

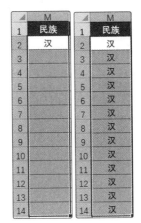

图 6-15　　　　　　　图 6-16

图 6-17

[实操 6-4] 输入"性别"列数据

[实例资源] 第 6 章 \ 例 6-4

当用户需要在不连续的单元格中输入相同内容时，可以按照以下方法进行操作。

步骤 01 打开"输入相同数据 .xlsx"素材文件，选择 H 列，在"开始"选项卡中单击"查找和选择"下拉按钮，在下拉列表中选择"定位条件"选项，如图 6-18 所示。

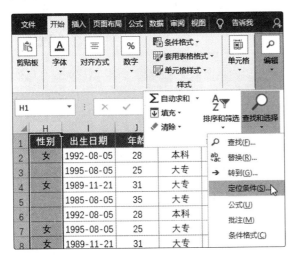

图 6-18

步骤 02 打开"定位条件"对话框，选中"空值"单选按钮❶，然后单击"确定"按钮❷，如图 6-19 所示。

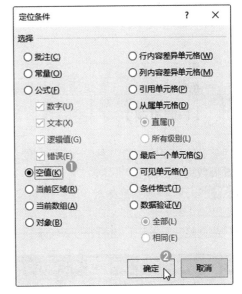

图 6-19

步骤 03 将 H 列中的空单元格选中，然后在"编辑栏"中输入"男"，如图 6-20 所示。

步骤 04 按【Ctrl+Enter】组合键，即可在其他选中的空单元格中输入相同内容"男"，如图 6-21 所示。

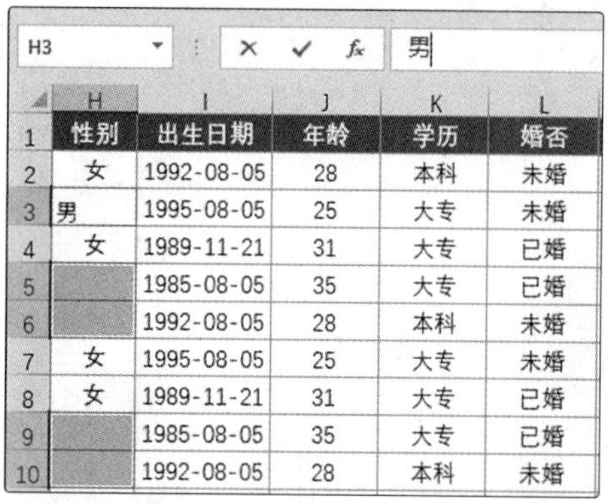

图 6-20

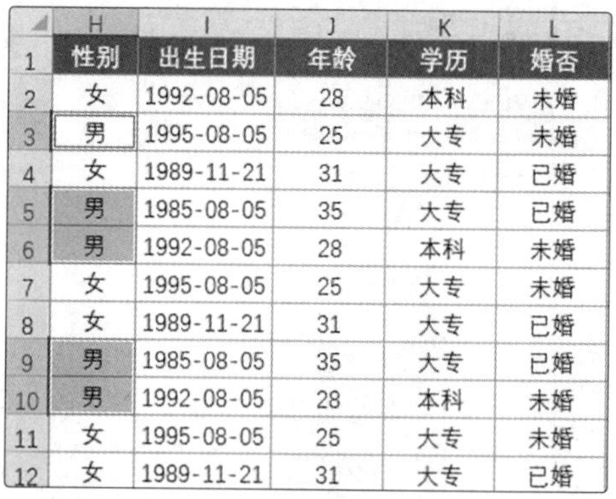

图 6-21

6.1.6　限制数据输入

为了防止输入不符合要求的数据，提高输入数据的速度，用户可以使用"数据验证"功能限制数据输入，如图 6-22 所示。

在"数据验证"对话框中，可以设置允许输入"整数""小数""序列""日期""时间""文本长度"等类型的数据。

在"输入信息"选项卡中可以设置选定单元格时显示的输入信息。

在"出错警告"选项卡中可以设置输入无效数据时显示的出错警告。

图 6-22

 [实操 6-5] 通过下拉列表输入"婚否"列数据

[实例资源] 第 6 章 \ 例 6-5

微课视频

当需要输入表格中的内容有一个固定的范围时，用户可以为其设置下拉列表，这样就只能在下拉列表中选择数据进行输入。

步骤 01 打开"限制数据输入 .xlsx"素材文件，选择 L2:L14 单元格区域，在"数据"选项卡中单击"数据验证"按钮，如图 6-23 所示。

步骤 02 打开"数据验证"对话框，在"设置"选项卡中将"允许"设置为"序列"，在"来源"文本框中输入"已婚,未婚"，然后单击"确定"按钮，如图 6-24 所示。

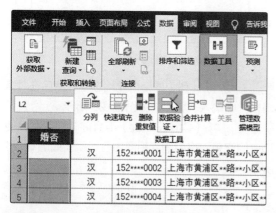

图 6-23

图 6-24

新手提示

"来源"文本框中的每个内容之间要用英文逗号隔开。

步骤 03 选择 L2 单元格,其右侧会出现一个下拉按钮,单击该下拉按钮,在下拉列表中选择需要的选项,如图 6-25 所示。

	I	J	K	L	M
1	出生日期	年龄	学历	婚否	民族
2	1992-08-05	28	本科		汉
3	1995-08-05	25	大专	已婚	汉
4	1989-11-21	31	大专	未婚	汉
5	1985-08-05	35	大专		汉
6	1992-08-05	28	本科		汉
7	1995-08-05	25	大专		汉
8	1989-11-21	31	大专		汉
9	1985-08-05	35	大专		汉
10	1992-08-05	28	本科		汉

图 6-25

步骤 04 按照上述方法,依次输入"婚否"信息,如图 6-26 所示。

	I	J	K	L	M
1	出生日期	年龄	学历	婚否	民族
2	1992-08-05	28	本科	未婚	汉
3	1995-08-05	25	大专	未婚	汉
4	1989-11-21	31	大专	已婚	汉
5	1985-08-05	35	大专	已婚	汉
6	1992-08-05	28	本科	未婚	汉
7	1995-08-05	25	大专	未婚	汉
8	1989-11-21	31	大专	已婚	汉
9	1985-08-05	35	大专	已婚	汉
10	1992-08-05	28	本科	未婚	汉

图 6-26

6.2 报表的美化

在表格中输入数据后,为了使报表整体更加美观,用户可以对报表进行美化操作。下面将介绍如何自定义表格样式和自动套用表格格式。

6.2.1 自定义表格样式

用户可以根据自己的审美或喜好自定义表格样式。例如,使用"边框"功能可以设置边框的样式、颜色,并将其应用于表格的外边框或内边框,如图 6-27 所示;使用"填充"功能或"开始"选项卡中的"填充颜色"功能可以为单元格设置底纹颜色,如图 6-28 所示。

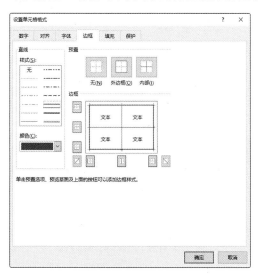

图 6-27

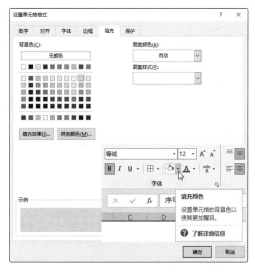

图 6-28

6.2.2 自动套用表格格式

Excel 内置了"浅色""中等色""深色"3 种类型的表格样式，用户可以直接套用以美化报表。

[实操 6-6] 美化人员信息表

[实例资源] 第 6 章 \ 例 6-6

除了可以自己动手设置表格的样式外，用户还可以为表格直接套用 Excel 内置的样式。下面将介绍具体的操作方法。

步骤 01 打开"自动套用表格格式 .xlsx"素材文件，选择表格区域，在"开始"选项卡中单击"套用表格格式"下拉按钮❶，在下拉列表中选择合适的表格样式❷，如图 6-29 所示。

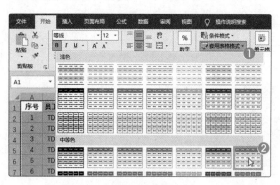

图 6-29

步骤 02 打开"套用表格式"对话框，直接单击"确定"按钮，如图 6-30 所示。

图 6-30

步骤 03 为表格套用所选样式。为表格套用样式后，系统自动将单元格区域的样式转换为筛选表格的样式，如图 6-31 所示。

	A	B	C	D	E	F	G	H	I	J	K	L	M	N	O
1	序号	员工工号	姓名	部门	岗位	入职时间	身份证号码	性别	出生日期	年龄	学历	婚否	民族	联系电话	联系地址
2	1	TD0001	李萌	财务部	财务主管	2020/3/1	345 ********** 648	女	1992-08-05	28	本科	未婚	汉	152****0001	上海市黄浦区**路**小区**栋**室
3	2	TD0002	孙杨	财务部	会计	2020/3/8	345 ********** 673	男	1995-08-05	25	大专	未婚	汉	152****0002	上海市黄浦区**路**小区**栋**室
4	3	TD0003	刘雯	财务部	会计	2020/3/8	345 ********** 661	女	1989-11-21	31	大专	未婚	汉	152****0003	上海市黄浦区**路**小区**栋**室
5	4	TD0004	赵佳	财务部	出纳	2020/3/10	345 ********** 658	男	1985-08-05	35	大专	已婚	汉	152****0004	上海市黄浦区**路**小区**栋**室
6	5	TD0005	刘洋	财务部	财务主管	2020/3/1	345 ********** 632	男	1992-08-05	28	本科	未婚	汉	152****0005	上海市黄浦区**路**小区**栋**室
7	6	TD0006	韩梅	财务部	会计	2020/3/8	345 ********** 627	女	1995-08-05	25	大专	未婚	汉	152****0006	上海市黄浦区**路**小区**栋**室
8	7	TD0007	郭美	财务部	会计	2020/3/8	345 ********** 664	女	1989-11-21	31	大专	已婚	汉	152****0007	上海市黄浦区**路**小区**栋**室
9	8	TD0008	许宣	财务部	出纳	2020/3/10	345 ********** 635	男	1985-08-05	35	大专	已婚	汉	152****0008	上海市黄浦区**路**小区**栋**室
10	9	TD0009	吴乐	财务部	财务主管	2020/3/1	345 ********** 619	男	1992-08-05	28	本科	未婚	汉	152****0009	上海市黄浦区**路**小区**栋**室
11	10	TD0010	王晓	财务部	会计	2020/3/8	345 ********** 626	女	1995-08-05	25	大专	未婚	汉	152****0010	上海市黄浦区**路**小区**栋**室
12	11	TD0011	刘云	财务部	会计	2020/3/8	345 ********** 689	女	1989-11-21	31	大专	未婚	汉	152****0011	上海市黄浦区**路**小区**栋**室
13	12	TD0012	岳鹏	财务部	出纳	2020/3/10	345 ********** 611	男	1985-08-05	35	大专	已婚	汉	152****0012	上海市黄浦区**路**小区**栋**室
14	13	TD0013	周珂	财务部	财务主管	2020/3/1	345 ********** 630	男	1982-08-05	38	本科	已婚	汉	152****0013	上海市黄浦区**路**小区**栋**室

图 6-31

应用秘技

如果用户想要新建一个表格样式，则在"套用表格格式"下拉列表中选择"新建表格样式"选项，如图6-32所示。打开"新建表样式"对话框，其中主要包括以下选项，如图6-33所示。

名称❶：用于输入新表格样式的名称。

表元素❷：用于设置表元素的格式，主要包含13种表元素。

格式❸：单击该按钮，可以在打开的"设置单元格格式"对话框中设置表元素的具体格式。

清除❹：单击该按钮，可以清除所设置的表元素格式。

设置为此文档的默认表格样式❺：勾选该复选框，可以将新建的表样式作为当前工作簿的默认表样式；但是，自定义的表样式只存储在当前工作簿中，不能用于其他工作簿。

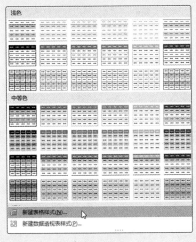

图 6-32

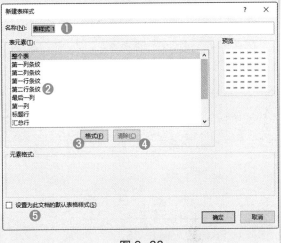

图 6-33

6.3 报表的保护

一些报表中的内容涉及需要保密的信息，为了防止信息泄露，需要对报表进行保护。下面将介绍如何保护工作表、保护指定区域和保护工作簿。

6.3.1 保护工作表

如果用户希望他人拥有查看报表的权限，但不能修改报表，则可以通过"保护工作表"功能进行设置。

 [实操 6-7] 保护人员信息表

[实例资源] 第 6 章 \ 例 6-7

微课视频

用户可以通过为工作表设置密码，来限制其他用户的编辑权限。下面将介绍具体的操作方法。

步骤 01 打开"保护工作表 .xlsx"素材文件，在"审阅"选项卡中单击"保护工作表"按钮，如图 6-34 所示。

步骤 02 打开"保护工作表"对话框，在"取消工作表保护时使用的密码"文本框中输入密码"123"，然后在"允许此工作表的所有用户进行"列表框中，取消对所有复选框的勾选，单击"确定"按钮，如图 6-35 所示。

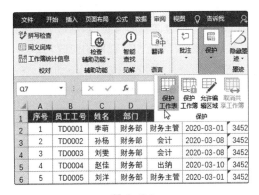

图 6-34

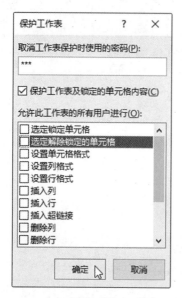

图 6-35

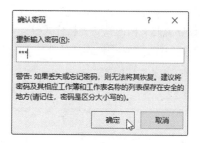

图 6-36

步骤 04 此时，用户无法选中表格中的数据，如果修改数据，则会弹出一个提示对话框，提示"若要进行更改，请取消工作表保护"，如图 6-37 所示。

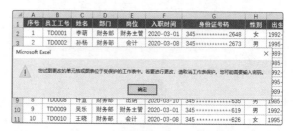

步骤 03 弹出"确认密码"对话框后，在"重新输入密码"文本框中输入"123"，单击"确定"按钮，如图 6-36 所示。

图 6-37

6.3.2 保护指定区域

如果用户想要实现表格中的指定区域不允许编辑，而其他区域允许编辑，则可以通过"允许编辑区域"功能进行设置。

[实操 6-8] 允许编辑"婚否"列、"联系电话"列和"联系地址"列的信息

[实例资源] 第 6 章 \ 例 6-8

微课视频

如果用户希望允许编辑"婚否"列、"联系电话"列和"联系地址"列的信息，不允许编辑其他区域，则可以按照以下方法进行操作。

步骤 01 打开"保护指定区域.xlsx"素材文件，选择 L2:L14 和 N2:O14 单元格区域，按【Ctrl+1】组合键，打开"设置单元格格式"对话框，在"保护"选项卡中取消对"锁定"复选框的勾选，单击"确定"按钮，如图 6-38 所示。

步骤 02 在"审阅"选项卡中单击"允许编辑区域"按钮，如图 6-39 所示。

图 6-38

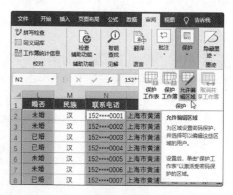

图 6-39

步骤 03 打开"允许用户编辑区域"对话框，在其中单击"新建"按钮，如图 6-40 所示。

图 6-40

步骤 04 打开"新区域"对话框，在"标题"文本框中输入区域名称①，单击"确定"按钮②，返回"允许用户编辑区域"对话框，单击"保护工作表"按钮③，如图 6-41 所示。

图 6-41

步骤 05 打开"保护工作表"对话框，在"取消工作表保护时使用的密码"文本框中输入密码"123"①，在"允许此工作表的所有用户进行"列表框中取消对"选定锁定单元格"复选框的勾选②，单击"确定"按钮，弹出"确认密码"对话框，在"重新输入密码"文本框中再次输入密码③，单击"确定"按钮，如图 6-42 所示。

步骤 06 此时，用户可以编辑 L2:L14 和 N2:O14 单元格区域中的数据，但不能编辑其他区域中的数据，如图 6-43 所示。

图 6-42

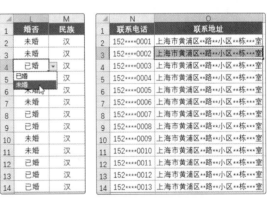

图 6-43

应用秘技

　　如果用户想要取消对工作表的保护，可在"审阅"选项卡中单击"撤消工作表保护"按钮①，在弹出的"撤消工作表保护"对话框中输入设置的密码②，如图6-44所示。

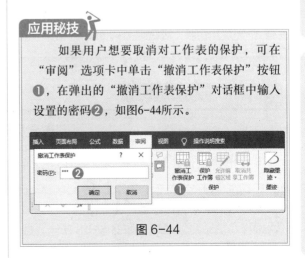

图 6-44

6.3.3 保护工作簿

用户可以为工作簿设置密码，这样只有输入正确的密码后才能打开工作簿，具体可以通过"保护工作簿"功能进行设置。

 [实操 6-9] 为报表设置打开密码
[实例资源] 第 6 章 \ 例 6-9

为了防止他人随意打开报表进行查看，可以为报表设置打开密码。下面将介绍具体的操作方法。

步骤 01 打开"保护工作簿.xlsx"素材文件，打开"文件"菜单，选择"信息"选项，在右侧单击"保护工作簿"下拉按钮，在下拉列表中选择"用密码进行加密"选项，如图 6-45 所示。

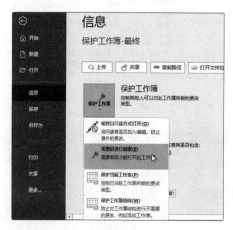

图 6-45

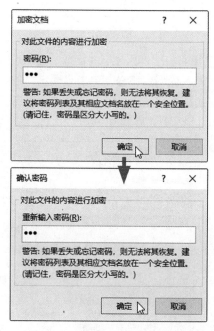

图 6-46

步骤 02 打开"加密文档"对话框，在"密码"文本框中输入密码"123"，单击"确定"按钮，弹出"确认密码"对话框，重新输入密码，再次单击"确定"按钮，如图 6-46 所示。

步骤 03 保存工作簿后，用户再次打开该工作簿，会弹出一个"密码"对话框，如图 6-47 所示。只有输入正确的密码，才能打开该工作簿。

图 6-47

制作会员年费统计表

下面将通过制作会员年费统计表，温习和巩固前面所学知识，其具体操作步骤如下。

步骤 01 打开空白工作表，在"Sheet1"工作表标签上单击鼠标右键，在弹出的快捷菜单中选择"重命名"选项，如图 6-48 所示。或者在"Sheet1"工作表标签上双击。

步骤 02 此时工作表标签变为可编辑状态，输入工作表名称，按【Enter】键确认，如图 6-49 所示。

微课视频

图 6-48

图 6-49

步骤 03 在工作表中输入列标题，然后选择 C2:C12 单元格区域，在"数据"选项卡中单击"数据验证"按钮，如图 6-50 所示。

图 6-50

步骤 04 打开"数据验证"对话框，在"设置"选项卡中将"允许"设置为"文本长度"，将"数据"设置为"等于"，在"长度"文本框中输入"11"，然后单击"确定"按钮，即在 C2:C12 单元格区域只能输入 11 位的联系电话，如图 6-51 所示。

图 6-51

步骤 05 选择 E2:E12 单元格区域，按【Ctrl+1】组合键，打开"设置单元格格式"对话框，在"数字"选项卡的"分类"列表框中选择"货币"选项，并将"小数位数"设置为"2"，如图 6-52 所示。

图 6-52

步骤 06 输入"开卡日期""客户名称""联系电话""会员类型""会员年费"等列的信息，如图 6-53 所示。

	A	B	C	D	E
1	开卡日期	客户名称	联系电话	会员类型	会员年费
2	2021/3/6	黄鸿世	152****4061	V1	¥999.00
3	2021/3/6	陈峰载	133****1234	V1	¥999.00
4	2021/3/6	沈经谐	132****0025	V1	¥999.00
5	2021/3/7	杨友	132****3345	V1	¥999.00
6	2021/3/8	采琳栋	138****2298	V1	¥999.00
7	2021/3/8	赵信	155****6674	V2	¥1,499.00
8	2021/3/8	鲁话旭	132****2147	V1	¥999.00
9	2021/3/8	昌毅	130****5784	V2	¥1,499.00
10	2021/3/9	郑名裕	135****2013	V1	¥999.00
11	2021/3/9	钱谐泽	159****7436	V2	¥1,499.00
12	2021/3/10	李俊英	133****3670	V1	¥999.00

图 6-53

步骤 07 如果用户输入的"联系电话"不是11位数字，则会弹出一个提示对话框，提示用户"此值与此单元格定义的数据验证限制不匹配。"，如图 6-54 所示。

图 6-54

步骤 08 选择 A1:G12 单元格区域，打开"设置单元格格式"对话框，在"边框"选项卡中选择合适的直线样式和颜色，并单击"外边框"和"内部"按钮，将选择的直线样式和颜色应用于表格的外边框和内边框，如图 6-55 所示。

图 6-55

步骤 09 选择 A1:G1 单元格区域，在"开始"选项卡中单击"填充颜色"下拉按钮，在下拉列表中选择合适的颜色，如图 6-56 所示。

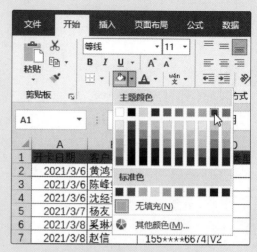

图 6-56

步骤 10 在"开始"选项卡中设置数据的字体格式和对齐方式，效果如图 6-57 所示。

开卡日期	客户名称	联系电话	会员类型	会员年费	教练	备注
2021/3/6	黄鸿世	152****4061	V1	¥999.00	李东教练	
2021/3/6	陈峰载	133****1234	V1	¥999.00	李东教练	
2021/3/6	沈经谱	132****0025	V1	¥999.00	万斌教练	
2021/3/7	杨友	132****3345	V1	¥999.00	李东教练	
2021/3/8	奚琳栋	138****2298	V1	¥999.00	李东教练	
2021/3/8	赵信	155****6674	V2	¥1,499.00	万斌教练	
2021/3/8	鲁话旭	132****2147	V1	¥999.00	徐瑞教练	
2021/3/8	昌毅	130****5784	V2	¥1,499.00	徐瑞教练	
2021/3/8	郑名裕	135****2013	V1	¥999.00	徐瑞教练	
2021/3/9	钱谱泽	159****7436	V2	¥1,499.00	李东教练	
2021/3/10	李俊英	133****3670	V1	¥999.00	徐瑞教练	

图 6-57

疑难解答

Q：如何将智能表格转换为普通表格？

A： 为表格套用内置的表格样式后，表格会变成智能表格，用户可以在"表格工具 - 设计"选项卡中单击"转换为区域"按钮，如图 6-58 所示。此时弹出一个提示对话框，直接单击"是"按钮，即可将智能表格转换为普通表格，如图 6-59 所示。

图 6-58

图 6-59

第 7 章

公式与函数的应用

　　Excel 具有强大的计算功能，其中公式与函数尤为重要，用户使用公式与函数可以快速完成复杂的计算。在 Excel 中，系统提供了多种类型的函数，用户熟练掌握这些函数，可以提高工作效率。本章将对公式与函数的应用进行详细介绍。

7.1 Excel 公式的使用

在使用公式计算数据前，用户需要先了解公式。下面将详细介绍公式中的运算符、公式的复制和填充、单元格的引用等。

7.1.1 认识 Excel 公式

Excel 公式通常由等号、函数、括号、单元格引用、常量、运算符等构成。其中，常量可以是数字、文本，也可以是其他字符，如果常量不是数字就要加上英文引号。为了帮助用户了解公式的组成，下面列举了一些常见的公式，如表 7-1 所示。

表 7-1

公式	公式的组成
=(3+5)/4	等号、括号、常量、运算符
=A1*6+B1*2	等号、单元格引用、运算符、常量
=SUM(A1:A6)/2	等号、函数、括号、单元格引用、运算符、常量
=A1	等号、单元格引用
=A1&" 元 "	等号、单元格引用、运算符、常量

7.1.2 公式中的运算符

运算符是构成公式的基本元素之一，每个运算符分别代表一种运算方式。Excel 包含算术运算符、比较运算符、文本运算符和引用运算符 4 种类型的运算符。

1. 算术运算符

算术运算符能完成基本的数学运算，包括加、减、乘、除等，如表 7-2 所示。

表 7-2

算术运算符	含义	示例
+（加号）	进行加法运算	=6+3
−（减号）	进行减法运算	=5−2
*（乘号）	进行乘法运算	=4*5
/（除号）	进行除法运算	=10/2
%（百分号）	将一个数缩小到原来的 1/100	=30%
^（乘幂）	进行乘方和开方运算	=2^3

2. 比较运算符

比较运算符用于比较数据的大小，其包括 "=" ">" "<" ">=" "<=" "<>" 等，执行比较运算返回的结果只能是逻辑值 TRUE 或 FALSE，如表 7-3 所示。

表 7-3

比较运算符	含义	示例
=（等于号）	判断 = 左右两边的数据是否相等	=B1=B2
>（大于号）	判断 > 左边的数据是否大于右边的数据	=9>5
<（小于号）	判断 < 左边的数据是否小于右边的数据	=2<5
>=（大于等于号）	判断 >= 左边的数据是否大于或等于右边的数据	=A2>=2
<=（小于等于号）	判断 <= 左边的数据是否小于或等于右边的数据	=A1<=6
<>（不等于号）	判断 <> 左右两边的数据是否不相等	=A1<>B1

3. 文本运算符

文本运算符使用连接符号"&"连接多个字符，形成一个连续文本，如表 7-4 所示。

表 7-4

文本运算符	含义	示例
&（连接符号）	将两个文本连接在一起形成一个连续的文本	="Excel" & "2016" 结果为"Excel2016"

4. 引用运算符

引用运算符主要用于在工作表中引用单元格。Excel 公式中的引用运算符共有冒号、逗号、空格 3 个，如表 7-5 所示。

表 7-5

引用运算符	含义	示例
:（冒号）	对两个引用之间，且包括两个引用在内的所有单元格进行引用	=SUM(A1:A8)
,（逗号）	将多个引用合并为一个引用	=SUM(A1:C3,E1:G3)
（空格）	对两个引用相交叉的区域进行引用	=SUM(A1:C5 B2:D6)

7.1.3 公式的复制和填充

当用户在单元格中输入公式后，如果表格中多个单元格所需公式的计算规则相同，则可以使用复制和填充功能进行计算。

1. 复制公式

先选择 E2 单元格，按【Ctrl+C】组合键复制公式，如图 7-1 所示；然后选择其他单元格，按【Ctrl+V】组合键粘贴公式，公式就被粘贴到目标单元格中，并自动修改其中的单元格引用，完成计算，如图 7-2 所示。

图 7-1 图 7-2

2. 填充公式

用户通过拖曳填充柄和双击填充柄的方式，就可以将公式填充到其他单元格中，如图 7-3 和图 7-4 所示。

图 7-3 图 7-4

应用秘技

如果需要重新编辑或修改单元格中的公式，可以双击公式所在单元格，进入公式编辑状态，然后修改公式，如图7-5所示。或者选择公式所在单元格，按【F2】键，进入公式编辑状态，然后修改公式。

图 7-5

7.1.4 单元格的引用

Excel 中单元格的引用方式有 3 种：相对引用、绝对引用和混合引用。

1. 相对引用

在公式中引用单元格参与计算时，如果公式的位置发生变动，那么单元格的引用也将随之改变。例如，在 B2 单元格中输入公式"=A2*20"，如图 7-6 所示。将 B2 单元格中的公式向下复制到 B4

单元格中，公式将自动变成"=A4*20"，如图 7-7 所示。可见，单元格的引用发生了改变。像"A2""A4"这种形式的单元格引用就是相对引用。

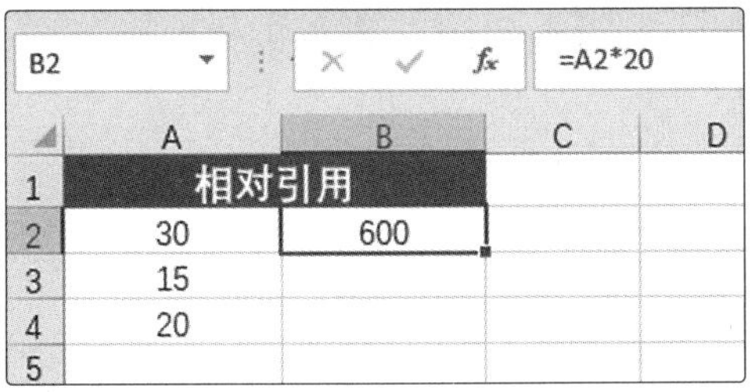

图 7-6 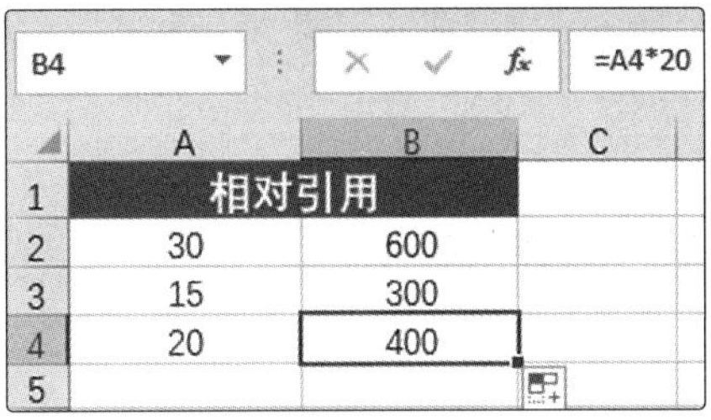　　　　　　　　　　　　　　　图 7-7

2. 绝对引用

如果不想让公式中的单元格引用随着公式位置的变化而改变，就需要对单元格采用绝对引用。例如，在 C2 单元格中输入公式"=A2*$B$2"，如图 7-8 所示。将公式向下复制到 C4 单元格中，公式将自动变成"=A4*$B$2"，如图 7-9 所示。像"$B$2"这种形式的单元格引用就是绝对引用。

图 7-8 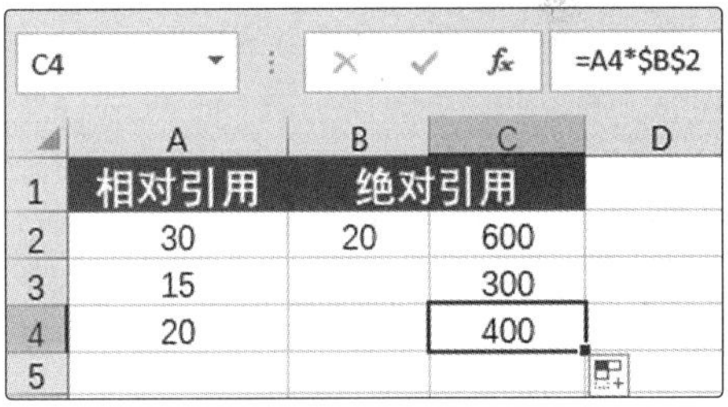　　　　　　　　　　　　　　　图 7-9

3. 混合引用

混合引用就是既包含相对引用又包含绝对引用的单元格引用方式。混合引用有两种，即"绝对引用列和相对引用行""绝对引用行和相对引用列"。例如，在 B2 单元格中输入公式"=$A2*B$3"，如图 7-10所示。将公式向右复制到 D2 单元格中，公式变成"=$A2*D$3"，如图 7-11 所示。像"$A2"这种形式的单元格引用就是"绝对引用列和相对引用行"；"D$3"这种形式的单元格引用就是"相对引用列和绝对引用行"。

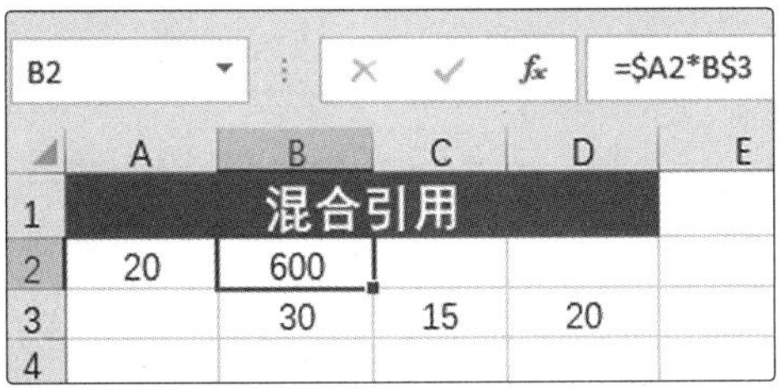

图 7-10 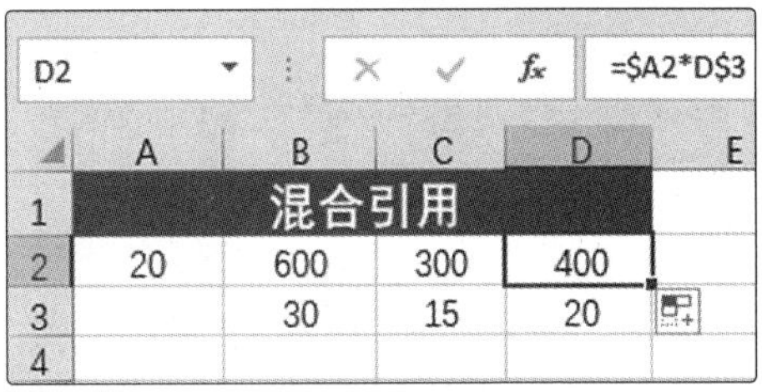　　　　　　　　　　　　　　　图 7-11

应用秘技

　　当列号前面加符号"$"时，无论公式复制到什么地方，列的引用都保持不变，行的引用自动调整；当行号前面加符号"$"时，无论公式复制到什么地方，行的引用都保持不变，列的引用自动调整。

7.2 Excel 函数

函数与公式是两种不同的计算方式，两者之间有着密切的联系，函数是预先定义好的公式。下面将详细介绍函数的类型和函数的输入方法。

7.2.1 函数的类型

Excel 内置了数百种函数，其中最常用的函数类型为：财务函数、逻辑函数、文本函数、日期和时间函数、查找与引用函数、数学和三角函数、统计函数等。用户可以在"公式"选项卡的"函数库"选项组中查看函数的种类，如图 7-12 所示。

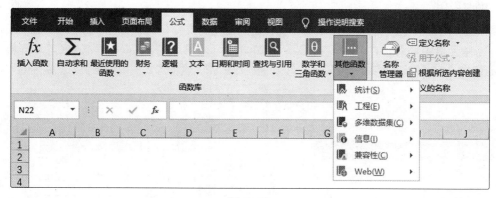

图 7-12

7.2.2 函数的输入方法

用户可以通过多种方法输入函数，如通过"函数库"选项组输入函数、通过"插入函数"对话框输入函数和通过对公式的记忆手动输入函数。

1. 通过"函数库"选项组输入函数

在"公式"选项卡的"函数库"选项组中选择需要的函数，如图 7-13 所示。在打开的"函数参数"对话框中设置各参数，如图 7-14 所示。单击"确定"按钮，就成功地在单元格中输入了函数公式"=SUM(E2:E6)"。

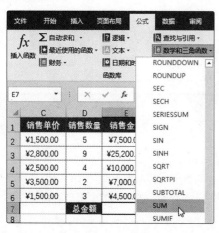

图 7-13

图 7-14

2. 通过"插入函数"对话框输入函数

如果用户对函数所属类型不太熟悉，则可以使用"插入函数"对话框选择或搜索所需函数。在"公式"选项卡中单击"插入函数"按钮，打开"插入函数"对话框，在"或选择类别"下拉列表中选择需要的函数类型，在"选择函数"列表框中选择函数，然后单击"确定"按钮，如图 7-15 所示。在打开的"函数参数"对话框中设置参数即可。

3. 通过对公式的记忆手动输入函数

如果用户知道所需函数的全称或开头部分字母正确的拼写，则可以直接在单元格中手动输入函数。例如，在单元格中输入"=SU"后，Excel 将自动在下拉列表中显示所有以"SU"开头的函数，如图 7-16 所示。在下拉列表中双击需要的函数，即可将该函数输入单元格中，接着输入相关参数，如图 7-17 所示。输入完成后，按【Enter】键确认即可。

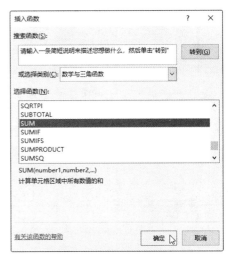

图 7-15

	C	D	E	F	G
1	销售单价	销售数量	销售金额		
2	¥1,500.00	5	¥7,500.00	SUBSTITUTE	
3	¥2,800.00	9	¥25,200.00	SUBTOTAL	
4	¥2,500.00	4	¥10,000.00	SUM	
5	¥3,500.00	2	¥7,000.00	SUMIF	
6	¥1,500.00	3	¥4,500.00	SUMIFS	
7		总金额	=SU	SUMPRODUCT	
8				SUMSQ	
9				SUMX2MY2	
10				SUMX2PY2	
				SUMXMY2	

图 7-16

	C	D	E
1	销售单价	销售数量	销售金额
2	¥1,500.00	5	¥7,500.00
3	¥2,800.00	9	¥25,200.00
4	¥2,500.00	4	¥10,000.00
5	¥3,500.00	2	¥7,000.00
6	¥1,500.00	3	¥4,500.00
7		总金额	=SUM(E2:E6)

图 7-17

7.3 文本函数的应用

使用文本函数可以在公式中处理文字串。其中最常用的文本函数有 TEXT 函数、FIND 函数、REPLACE 函数等，下面将进行详细介绍。

7.3.1 TEXT 函数

TEXT 函数用于将数值转换为指定格式的文本。其语法格式为：

TEXT(value,format_text)

参数说明

● **value：** 数值、计算结果为数值的公式，或者对数值单元格的引用。

● **format_text：** 文本形式的数字格式，文本形式来自"设置单元格格式"对话框中"数字"选项卡的"分类"列表框的"自定义"选项，如图 7-18 所示。

图 7-18

微课视频

[实操 7-1] 为基本工资添加单位"元"

[实例资源] 第 7 章 \ 例 7-1

用户可以使用 TEXT 函数为基本工资添加单位"元"，下面将介绍具体的操作方法。

步骤 01 打开"TEXT 函数 .xlsx"素材文件，选择 E2 单元格，输入公式"=TEXT(C2,"0元")"，如图 7-19 所示。

	A	B	C	D	E
1	工号	姓名	基本工资	电话号码	添加单位"元"
2	DM001	赵佳	2500	01012341122	=TEXT(C2,"0元")
3	DM002	刘雯	3000	01012341236	
4	DM003	李梅	2000	01012344578	
5	DM004	周丽	2500	01012344452	
6	DM005	张宇	3500	01012347788	
7	DM006	王学	1800	01012345874	
8	DM007	吴乐	2000	01012348412	
9	DM008	李欣	3000	01012346413	

图 7-19

步骤 02 按【Enter】键确认，即可计算出结果。然后选择 E2 单元格，将光标移至该单元格右下角，如图 7-20 所示。

	A	B	C	D	E
1	工号	姓名	基本工资	电话号码	添加单位"元"
2	DM001	赵佳	2500	01012341122	2500元
3	DM002	刘雯	3000	01012341236	
4	DM003	李梅	2000	01012344578	
5	DM004	周丽	2500	01012344452	
6	DM005	张宇	3500	01012347788	
7	DM006	王学	1800	01012345874	
8	DM007	吴乐	2000	01012348412	
9	DM008	李欣	3000	01012346413	

图 7-20

步骤 03 按住鼠标左键不放，向下拖曳填充柄填充公式，如图 7-21 所示。计算出其他单元格中的结果，如图 7-22 所示。

E2   =TEXT(C2,"0元")

	A	B	C	D	E
1	工号	姓名	基本工资	电话号码	添加单位"元"
2	DM001	赵佳	2500	01012341122	2500元
3	DM002	刘雯	3000	01012341236	
4	DM003	李梅	2000	01012344578	
5	DM004	周丽	2500	01012344452	
6	DM005	张宇	3500	01012347788	
7	DM006	王学	1800	01012345874	
8	DM007	吴乐	2000	01012348412	
9	DM008	李欣	3000	01012346413	
10					

图 7-21

E2   =TEXT(C2,"0元")

	A	B	C	D	E
1	工号	姓名	基本工资	电话号码	添加单位"元"
2	DM001	赵佳	2500	01012341122	2500元
3	DM002	刘雯	3000	01012341236	3000元
4	DM003	李梅	2000	01012344578	2000元
5	DM004	周丽	2500	01012344452	2500元
6	DM005	张宇	3500	01012347788	3500元
7	DM006	王学	1800	01012345874	1800元
8	DM007	吴乐	2000	01012348412	2000元
9	DM008	李欣	3000	01012346413	3000元

图 7-22

7.3.2 FIND 函数

FIND 函数用于返回一个字符串在另一个字符串中出现的起始位置。其语法格式为：

FIND(find_text,within_text,[start_num])

参数说明

- **find_text：** 必需参数，其值是要查找的字符串。
- **within_text：** 必需参数，其值是要在其中进行查找的字符串。
- **start_num：** 可选参数，指定开始进行查找的字符位置。within_text 中第 1 个字符的位置为 1。start_num 参数的默认值为 1。

[实操 7-2] 提取"工号"列中的编号

[实例资源] 第 7 章 \ 例 7-2

用户可以使用 FIND 函数，提取"工号"列中的编号。下面将介绍具体的操作方法。

步骤 01 打开"FIND 函数 .xlsx"素材文件，选择 E2 单元格，输入公式"=RIGHT(A2,FIND(0,A2))"，按【Enter】键确认，即可计算出结果，如图 7-23 所示。

	A	B	C	D	E
	fx =RIGHT(A2,FIND(0,A2))				
1	工号	姓名	基本工资	电话号码	提取编号
2	DM001	赵佳	2500	01012341122	001
3	DM002	刘雯	3000	01012341236	
4	DM003	李梅	2000	01012344578	
5	DM004	周丽	2500	01012344452	
6	DM005	张宇	3500	01012347788	
7	DM006	王学	1800	01012345874	
8	DM007	吴乐	2000	01012348412	
9	DM008	李欣	3000	01012346413	

图 7-23

步骤 02 将公式向下填充，将"工号"列其他单元格中的编号提取出来，如图 7-24 所示。

E2			fx =RIGHT(A2,FIND(0,A2))		
	A	B	C	D	E
1	工号	姓名	基本工资	电话号码	提取编号
2	DM001	赵佳	2500	01012341122	001
3	DM002	刘雯	3000	01012341236	002
4	DM003	李梅	2000	01012344578	003
5	DM004	周丽	2500	01012344452	004
6	DM005	张宇	3500	01012347788	005
7	DM006	王学	1800	01012345874	006
8	DM007	吴乐	2000	01012348412	007
9	DM008	李欣	3000	01012346413	008

图 7-24

应用秘技

上述公式先使用 FIND 函数查找"0"所在位置，然后使用 RIGHT 函数将该位置之后的字符提取出来。

7.3.3 REPLACE 函数

REPLACE 函数用于将一个字符串中的部分字符用另一个字符串替换。其语法格式为：

REPLACE(old_text,start_num,num_chars,new_text)

参数说明

- **old_text：** 要进行字符替换的文本。
- **start_num：** 要替换为 new_text 的字符串在 old_text 中的位置。
- **num_chars：** 要从 old_text 中替换的字符个数。
- **new_text：** 用于替换 old_text 中指定字符串的字符串。

［实操 7-3］ 在指定位置插入固定内容

［实例资源］ 第 7 章 \ 例 7-3

微课视频

用户可以使用 REPLACE 函数在指定位置插入固定内容，下面将介绍具体的操作方法。

步骤 01 打开“REPLACE 函数 .xlsx”素材文件，选择 E2 单元格，输入公式“=REPLACE(D2,4,0, "-")”，按【Enter】键确认，即可计算出结果，如图 7-25 所示。

E2　=REPLACE(D2,4,0,"-")

	A	B	C	D	E
1	工号	姓名	基本工资	电话号码	固定电话号码
2	DM001	赵佳	2500	01012341122	010-12341122
3	DM002	刘雯	3000	01012341236	
4	DM003	李梅	2000	01012344578	
5	DM004	周丽	2500	01012344452	
6	DM005	张宇	3500	01012347788	
7	DM006	王学	1800	01012345874	
8	DM007	吴乐	2000	01012348412	
9	DM008	李欣	3000	01012346413	

图 7-25

步骤 02 将公式向下填充，在“电话号码”数据中插入固定内容“-”，如图 7-26 所示。

E2　=REPLACE(D2,4,0,"-")

	A	B	C	D	E
1	工号	姓名	基本工资	电话号码	固定电话号码
2	DM001	赵佳	2500	01012341122	010-12341122
3	DM002	刘雯	3000	01012341236	010-12341236
4	DM003	李梅	2000	01012344578	010-12344578
5	DM004	周丽	2500	01012344452	010-12344452
6	DM005	张宇	3500	01012347788	010-12347788
7	DM006	王学	1800	01012345874	010-12345874
8	DM007	吴乐	2000	01012348412	010-12348412
9	DM008	李欣	3000	01012346413	010-12346413

图 7-26

7.4 统计函数的应用

统计函数是从各种角度去分析统计数据，并捕捉统计数据的所有特征。其中最常用的统计函数有 COUNTIF 函数、MAX 函数、AVERAGE 函数等，下面将进行详细介绍。

7.4.1 COUNTIF 函数

COUNTIF 函数用于计算某个区域中满足给定条件的单元格数目。其语法格式为：

```
COUNTIF(range,criteria)
```

参数说明

- **range：** 指定要计算其中非空单元格数目的区域。
- **criteria：** 以数字、表达式或文本形式定义的条件。

［实操 7-4］ 统计销售额超过 6 万元的人数

［实例资源］ 第 7 章 \ 例 7-4

微课视频

用户可以使用 COUNTIF 函数统计销售额超过 6 万元的人数，下面将介绍具体的操作方法。

步骤 01 打开“COUNTIF 函数 .xlsx”素材文件，选择 E2 单元格，输入公式“=COUNTIF(C2:C10, ">60000")”，如图 7-27 所示。

步骤 02 按【Enter】键确认，即可统计出销售额超过 6 万元的人数，如图 7-28 所示。

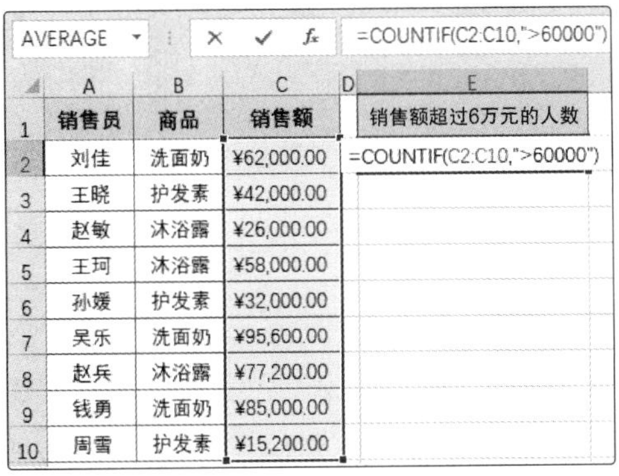

AVERAGE | =COUNTIF(C2:C10,">60000")

	A	B	C	D	E
1	销售员	商品	销售额		销售额超过6万元的人数
2	刘佳	洗面奶	¥62,000.00		=COUNTIF(C2:C10,">60000")
3	王晓	护发素	¥42,000.00		
4	赵敏	沐浴露	¥26,000.00		
5	王珂	沐浴露	¥58,000.00		
6	孙媛	护发素	¥32,000.00		
7	吴乐	洗面奶	¥95,600.00		
8	赵兵	沐浴露	¥77,200.00		
9	钱勇	洗面奶	¥85,000.00		
10	周雪	护发素	¥15,200.00		

图 7-27

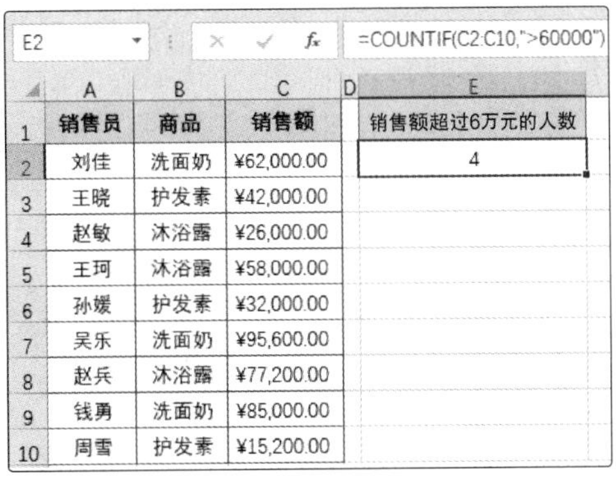

E2 | =COUNTIF(C2:C10,">60000")

	A	B	C	D	E
1	销售员	商品	销售额		销售额超过6万元的人数
2	刘佳	洗面奶	¥62,000.00		4
3	王晓	护发素	¥42,000.00		
4	赵敏	沐浴露	¥26,000.00		
5	王珂	沐浴露	¥58,000.00		
6	孙媛	护发素	¥32,000.00		
7	吴乐	洗面奶	¥95,600.00		
8	赵兵	沐浴露	¥77,200.00		
9	钱勇	洗面奶	¥85,000.00		
10	周雪	护发素	¥15,200.00		

图 7-28

7.4.2 MAX 函数

MAX 函数用于返回一组值中的最大值，忽略逻辑值及文本。其语法格式为：

MAX(number1,[number2],...)

参数说明

number1,number2,...： 准备从中求取最大值的 1 到 255 个数值、空单元格、逻辑值或文本数值。

[实操 7-5] 计算最大销售额

[实例资源] 第 7 章\例 7-5

用户可以使用 MAX 函数计算最大销售额，下面将介绍具体的操作方法。

步骤 01 打开“MAX 函数 .xlsx”素材文件，选择 E2 单元格，输入公式“=MAX(C2:C10)”，如图 7-29 所示。

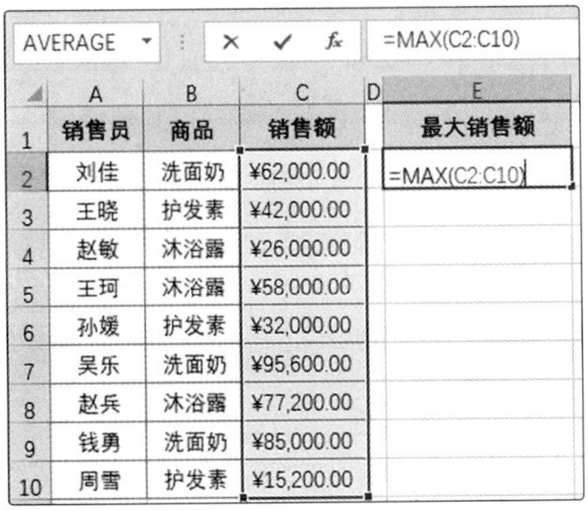

AVERAGE | =MAX(C2:C10)

	A	B	C	D	E
1	销售员	商品	销售额		最大销售额
2	刘佳	洗面奶	¥62,000.00		=MAX(C2:C10)
3	王晓	护发素	¥42,000.00		
4	赵敏	沐浴露	¥26,000.00		
5	王珂	沐浴露	¥58,000.00		
6	孙媛	护发素	¥32,000.00		
7	吴乐	洗面奶	¥95,600.00		
8	赵兵	沐浴露	¥77,200.00		
9	钱勇	洗面奶	¥85,000.00		
10	周雪	护发素	¥15,200.00		

图 7-29

步骤 02 按【Enter】键确认，即可计算出最大销售额，如图 7-30 所示。

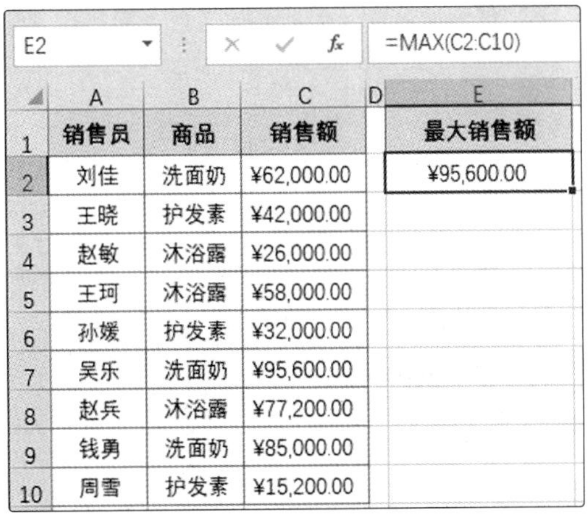

E2 | =MAX(C2:C10)

	A	B	C	D	E
1	销售员	商品	销售额		最大销售额
2	刘佳	洗面奶	¥62,000.00		¥95,600.00
3	王晓	护发素	¥42,000.00		
4	赵敏	沐浴露	¥26,000.00		
5	王珂	沐浴露	¥58,000.00		
6	孙媛	护发素	¥32,000.00		
7	吴乐	洗面奶	¥95,600.00		
8	赵兵	沐浴露	¥77,200.00		
9	钱勇	洗面奶	¥85,000.00		
10	周雪	护发素	¥15,200.00		

图 7-30

7.4.3 AVERAGE 函数

AVERAGE 函数用于求参数的算术平均值。其语法格式为：

AVERAGE（number1,[number2],...）

参数说明

number1,number2,...：用于计算平均值的 1 到 255 个数值参数。参数可以是数值或包含数值的名称、数组或引用。

新手提示

如果数组或单元格引用参数中有文字、逻辑值或空单元格，则忽略其值；如果单元格包含0，则计算在内。

［实操 7-6］ 计算平均销售额

［实例资源］ 第 7 章 \ 例 7-6

用户可以使用 AVERAGE 函数计算平均销售额，下面将介绍具体的操作方法。

步骤 01 打开"AVERAGE 函数 .xlsx"素材文件，选择 E2 单元格，输入公式"=AVERAGE(C2:C10)"，如图 7-31 所示。

步骤 02 按【Enter】键确认，即可计算出平均销售额，如图 7-32 所示。

	A	B	C	D	E
1	销售员	商品	销售额		平均销售额
2	刘佳	洗面奶	¥62,000.00		=AVERAGE(C2:C10)
3	王晓	护发素	¥42,000.00		
4	赵敏	沐浴露	¥26,000.00		
5	王珂	沐浴露	¥58,000.00		
6	孙媛	护发素	¥32,000.00		
7	吴乐	洗面奶	¥95,600.00		
8	赵兵	沐浴露	¥77,200.00		
9	钱勇	洗面奶	¥85,000.00		
10	周雪	护发素	¥15,200.00		

图 7-31

	A	B	C	D	E
1	销售员	商品	销售额		平均销售额
2	刘佳	洗面奶	¥62,000.00		¥54,777.78
3	王晓	护发素	¥42,000.00		
4	赵敏	沐浴露	¥26,000.00		
5	王珂	沐浴露	¥58,000.00		
6	孙媛	护发素	¥32,000.00		
7	吴乐	洗面奶	¥95,600.00		
8	赵兵	沐浴露	¥77,200.00		
9	钱勇	洗面奶	¥85,000.00		
10	周雪	护发素	¥15,200.00		

图 7-32

7.5 数学和三角函数的应用

用户可以使用数学和三角函数进行简单的计算，如求和、取余、随机计算等。其中最常用的数学和三角函数有 SUMIF 函数、SUMPRODUCT 函数、RANDBETWEEN 函数等，下面将进行详细介绍。

7.5.1 SUMIF 函数

SUMIF 函数用于对满足条件的若干单元格中的数据进行求和计算。其语法格式为：

SUMIF(range,criteria,[sum_range])

参数说明

● **range：** 要进行求和计算的单元格区域。

● **criteria：** 用数字、表达式或文本形式定义的条件。

● **sum_range：** 用于求和计算的实际单元格。如果省略该参数，则计算单元格区域中的数据。

[实操 7-7] 统计指定商品的销售总额

[实例资源] 第 7 章 \ 例 7-7

用户可以使用 SUMIF 函数统计指定商品的销售总额，下面将介绍具体的操作方法。

步骤 01 打开"SUMIF 函数 .xlsx"素材文件，选择 H2 单元格，输入公式"=SUMIF(B2:B11,G2,E2:E11)"，按【Enter】键确认，即可计算出"笔记本"的销售总额，如图 7-33 所示。

步骤 02 将公式向下填充，计算出"直尺"的销售总额，如图 7-34 所示。

H2		× ✓ fx	=SUMIF(B2:B11,G2,E2:E11)				
▲	A	B	C	D	E	F	G	H
1	销售日期	销售商品	数量	单价	金额		销售商品	销售总额
2	2021/3/1	笔记本	100	¥4	¥400		笔记本	¥3,620
3	2021/3/1	笔记本	280	¥3	¥700		直尺	
4	2021/3/1	直尺	250	¥1	¥300			
5	2021/3/10	固体胶棒	190	¥4	¥665			
6	2021/3/10	固体胶棒	260	¥4	¥1,040			
7	2021/3/15	直尺	50	¥4	¥175			
8	2021/3/25	直尺	260	¥2	¥520			
9	2021/3/29	笔记本	420	¥6	¥2,520			
10	2021/3/29	便利贴	390	¥10	¥3,900			
11	2021/3/29	便利贴	320	¥10	¥3,168			

图 7-33

H3		× ✓ fx	=SUMIF(B3:B12,G3,E3:E12)				
▲	A	B	C	D	E	F	G	H
1	销售日期	销售商品	数量	单价	金额		销售商品	销售总额
2	2021/3/1	笔记本	100	¥4	¥400		笔记本	¥3,620
3	2021/3/1	笔记本	280	¥3	¥700		直尺	¥995
4	2021/3/1	直尺	250	¥1	¥300			
5	2021/3/10	固体胶棒	190	¥4	¥665			
6	2021/3/10	固体胶棒	260	¥4	¥1,040			
7	2021/3/15	直尺	50	¥4	¥175			
8	2021/3/25	直尺	260	¥2	¥520			
9	2021/3/29	笔记本	420	¥6	¥2,520			
10	2021/3/29	便利贴	390	¥10	¥3,900			
11	2021/3/29	便利贴	320	¥10	¥3,168			

图 7-34

7.5.2 | SUMPRODUCT 函数

SUMPRODUCT 函数用于将数组间对应的元素相乘，并返回乘积之和。其语法格式为：

SUMPRODUCT(array1,[array2],[array3],...)

参数说明

● **array1：** 必需参数，其值为需要进行相乘并求和的第 1 个数组参数。

● **array2,array3,...：** 可选参数，第 2 到 255 个数组，其相应元素需要进行相乘并求和。

新手提示

数组参数必须具有相同的维数，否则，SUMPRODUCT函数将返回错误值#VALUE!。SUMPRODUCT函数将非数值型的数组元素作为0来处理。

[实操 7-8] 计算总销售额

[实例资源] 第 7 章 \ 例 7-8

第 **7** 章 公式与函数的应用

用户可以使用 SUMPRODUCT 函数计算总销售额，下面将介绍具体的操作方法。

步骤 01 打开"SUMPRODUCT 函数 .xlsx"素材文件，选择F2单元格，输入公式"=SUMPRODUCT(C2:C11,D2:D11)"，如图 7-35 所示。

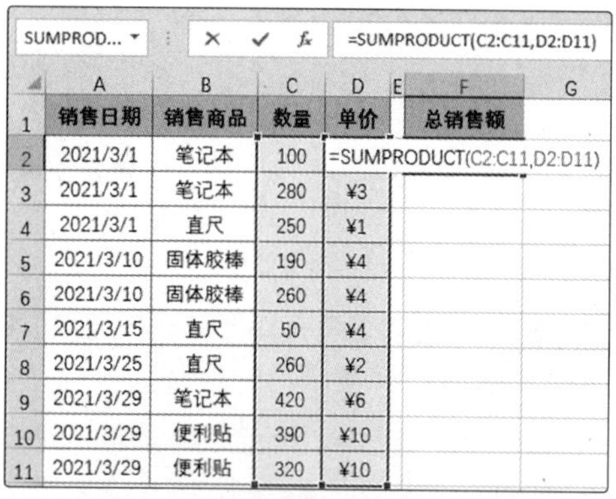

步骤 02 按【Enter】键确认，即可计算出总销售额，如图 7-36 所示。

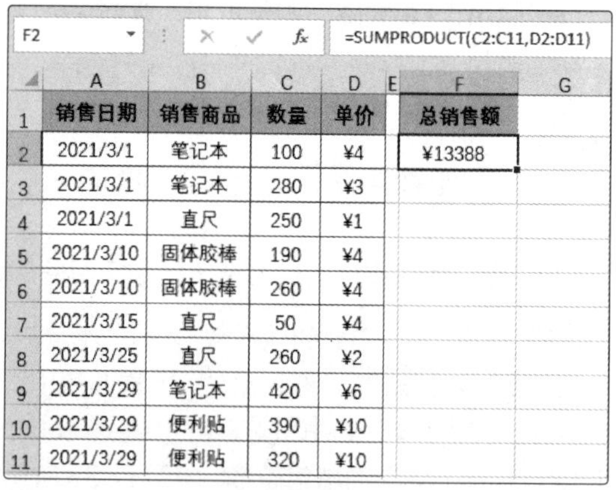

图 7-35

图 7-36

7.5.3 RANDBETWEEN 函数

RANDBETWEEN 函数用于返回一个随机整数。其语法格式为：

RANDBETWEEN（bottom,top）

参数说明

- **bottom：** RANDBETWEEN 函数能返回的最小整数。
- **top：** RANDBETWEEN 函数能返回的最大整数。

[实操 7-9] 随机抽取一名人员

[实例资源] 第 7 章 \ 例 7-9

用户可以使用 RANDBETWEEN 函数随机抽取一名人员，下面将介绍具体的操作方法。

步骤 01 打开"RANDBETWEEN 函数 .xlsx"素材文件，选择 D2 单元格，输入公式"=INDEX(B$2:B$12,RANDBETWEEN(1,11))"，如图 7-37 所示。

步骤 02 按【Enter】键确认，即可随机抽取一名人员，如图 7-38 所示。

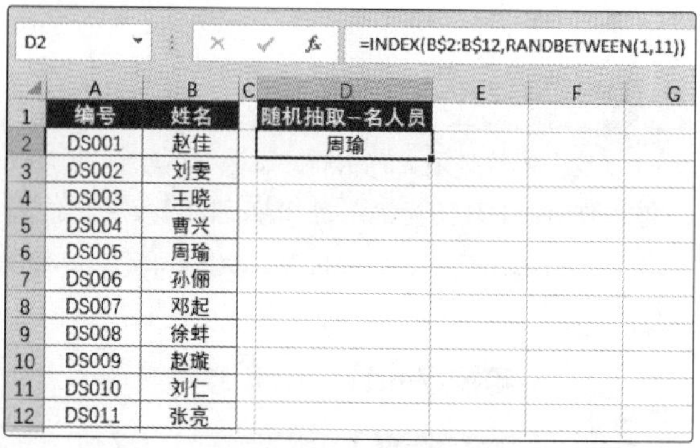

图 7-37

图 7-38

7.6 日期和时间函数的应用

日期和时间函数是指在公式中用来分析和处理日期值和时间值的函数。其中最常用的日期和时间函数有 DAYS 函数、TIME 函数、WEEKDAY 函数等，下面将进行详细介绍。

7.6.1 DAYS 函数

DAYS 函数用于返回两个日期之间的天数。其语法格式为：

DAYS (end_date,start_date)

参数说明

● **end_date:** 用于计算两个日期之间天数的结束日期。

● **start_date:** 用于计算两个日期之间天数的开始日期。

 [实操 7-10] 计算工作天数

[实例资源] 第 7 章 \ 例 7-10

微课视频

用户可以使用 DAYS 函数计算工作天数，下面将介绍具体的操作方法。

步骤 01 打开"DAYS 函数 .xlsx"素材文件，选择 D2 单元格，输入公式"=DAYS(C2,B2)"，如图 7-39 所示。

	A	B	C	D
1	工程项目	开始时间	结束时间	工作天数
2	土石方开挖工程	2020/11/12	2021/1/11	=DAYS(C2,B2)
3	基坑支护工程	2020/4/8	2021/12/8	
4	基坑降水工程	2020/1/5	2021/6/8	
5	起重吊装工程	2020/4/12	2021/10/20	
6	索膜结构安装工程	2020/8/9	2021/12/25	
7	水上桩基工程	2020/6/17	2021/10/28	

图 7-39

步骤 02 按【Enter】键确认，计算出工作天数，然后将公式向下填充即可，如图 7-40 所示。

D2			fx	=DAYS(C2,B2)
	A	B	C	D
1	工程项目	开始时间	结束时间	工作天数
2	土石方开挖工程	2020/11/12	2021/1/11	60
3	基坑支护工程	2020/4/8	2021/12/8	609
4	基坑降水工程	2020/1/5	2021/6/8	520
5	起重吊装工程	2020/4/12	2021/10/20	556
6	索膜结构安装工程	2020/8/9	2021/12/25	503
7	水上桩基工程	2020/6/17	2021/10/28	498

图 7-40

7.6.2 TIME 函数

TIME 函数用于根据给定的数字返回标准格式的时间。其语法格式为：

TIME(hour,minute,second)

参数说明

● **hour:** 介于 0 到 23 之间的数字，代表小时数。

● **minute:** 介于 0 到 59 之间的数字，代表分钟数。

● **second:** 介于 0 到 59 之间的数字，代表秒数。

 [实操 7-11] 计算时间

[实例资源] 第 7 章 \ 例 7-11

用户可以使用 TIME 函数计算时间，下面将介绍具体的操作方法。

步骤 01 打开“TIME 函数 .xlsx”素材文件，选择D2单元格，输入公式“=TIME(A2,B2,C2)”，如图 7-41 所示。

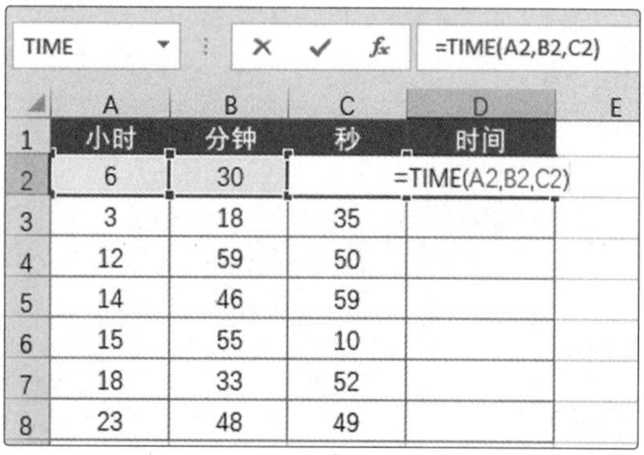

	A	B	C	D	E
1	小时	分钟	秒	时间	
2	6	30	=TIME(A2,B2,C2)		
3	3	18	35		
4	12	59	50		
5	14	46	59		
6	15	55	10		
7	18	33	52		
8	23	48	49		

图 7-41

步骤 02 按【Enter】键确认，计算出时间，然后将公式向下填充即可，如图 7-42 所示。

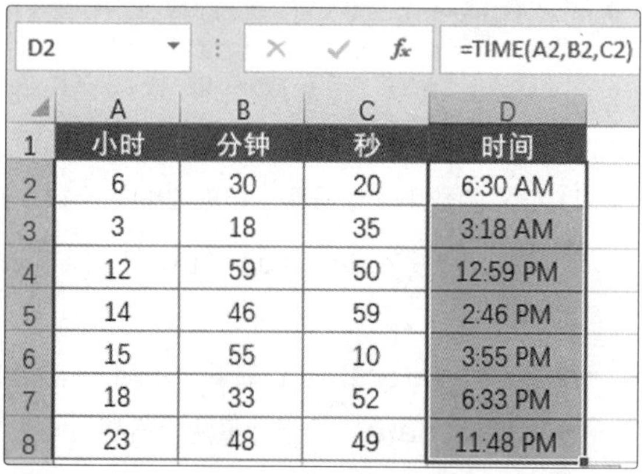

	A	B	C	D
1	小时	分钟	秒	时间
2	6	30	20	6:30 AM
3	3	18	35	3:18 AM
4	12	59	50	12:59 PM
5	14	46	59	2:46 PM
6	15	55	10	3:55 PM
7	18	33	52	6:33 PM
8	23	48	49	11:48 PM

图 7-42

7.6.3 WEEKDAY 函数

WEEKDAY 函数用于返回指定日期对应的星期数。其语法格式为：

WEEKDAY(serial_number,[return_type])

参数说明

- **serial_number：** 必需参数，指定一个序列号，代表尝试查找的那一天的日期。
- **return_type：** 可选参数，用于确定返回值类型的数字，如表 7-6 所示。

表 7-6

return_type	返回的数字
1 或省略	数字 1（星期日）数字 7（星期六）
2	数字 1（星期一）数字 7（星期日）
3	数字 0（星期一）数字 6（星期日）
11	数字 1（星期一）到数字 7（星期日）
12	数字 1（星期二）到数字 7（星期一）
13	数字 1（星期三）到数字 7（星期二）
14	数字 1（星期四）到数字 7（星期三）
15	数字 1（星期五）到数字 7（星期四）
16	数字 1（星期六）到数字 7（星期五）
17	数字 1（星期日）到数字 7（星期六）

[实操 7-12] 计算星期数

[实例资源] 第 7 章 \ 例 7-12

用户可以使用 WEEKDAY 函数计算星期数，下面将介绍具体的操作方法。

步骤 01 打开"WEEKDAY 函数 .xlsx"素材文件，选择 D2 单元格，输入公式"=WEEKDAY(C2,2)"，如图 7-43 所示。

	A	B	C	D
1	工程项目	开始时间	结束时间	星期数
2	土石方开挖工程	2020/11/12	2021/1/11	=WEEKDAY(C2,2)
3	基坑支护工程	2020/4/8	2021/12/8	
4	基坑降水工程	2020/1/5	2021/6/8	
5	起重吊装工程	2020/4/12	2021/10/20	
6	索膜结构安装工程	2020/8/9	2021/12/25	
7	水上桩基工程	2020/6/17	2021/10/28	

图 7-43

步骤 02 按【Enter】键确认，计算出"结束时间"对应的星期数，然后将公式向下填充即可，如图 7-44 所示。

D2		×	✓	fx	=WEEKDAY(C2,2)	
	A		B		C	D
1	工程项目		开始时间		结束时间	星期数
2	土石方开挖工程		2020/11/12		2021/1/11	1
3	基坑支护工程		2020/4/8		2021/12/8	3
4	基坑降水工程		2020/1/5		2021/6/8	2
5	起重吊装工程		2020/4/12		2021/10/20	3
6	索膜结构安装工程		2020/8/9		2021/12/25	6
7	水上桩基工程		2020/6/17		2021/10/28	4

图 7-44

7.7 逻辑函数的应用

在 Excel 中，可以使用逻辑函数对单个或多个表达式的逻辑关系进行判断，并返回一个逻辑值。其中最常用的逻辑函数有 AND 函数、OR 函数、IF 函数等，下面将进行详细介绍。

7.7.1 AND 函数

AND 函数用于判定指定的多个条件是否全部成立。其语法格式为：

AND(logical1,[logical2],...)

参数说明

logical1,logical2,...: 1 到 255 个结果为 TRUE 或 FALSE 的检测条件，检测内容可以是逻辑值、数组或引用。

应用秘技

当所有参数的逻辑值为TRUE时，返回TRUE；只要有一个参数的逻辑值为FALSE，就返回FALSE。

[实操 7-13] 计算员工的奖金

[实例资源] 第 7 章 \ 例 7-13

如果员工的"学习能力""沟通能力""管理能力"全部大于 80 分，则该员工的奖金为 100 元，否则为 0 元。

步骤 01 打开"AND 函数 .xlsx"素材文件，选择 E2 单元格，输入公式"=IF(AND(B2>80,C2>80,D2>80),100,0)"，如图 7-45 所示。

步骤 02 按【Enter】键确认，计算出员工的奖金，然后将公式向下填充即可，如图 7-46 所示。

AND | =IF(AND(B2>80,C2>80,D2>80),100,0)

	A	B	C	D	E	F
1	员工	学习能力	沟通能力	管理能力	奖金	
2	周丽	70	84	=IF(AND(B2>80,C2>80,D2>80),100,0)		
3	王晓	65	85	45		
4	陈毅	82	87	85		
5	曹兴	60	97	95		
6	赵璇	70	69	84		
7	徐蚌	84	90	95		
8	张宇	66	78	74		
9	刘全	95	70	64		
10	吴乐	78	59	55		

图 7-45

E2 | =IF(AND(B2>80,C2>80,D2>80),100,0)

	A	B	C	D	E	F
1	员工	学习能力	沟通能力	管理能力	奖金	
2	周丽	70	84	91	0	
3	王晓	65	85	45	0	
4	陈毅	82	87	85	100	
5	曹兴	60	97	95	0	
6	赵璇	70	69	84	0	
7	徐蚌	84	90	95	100	
8	张宇	66	78	74	0	
9	刘全	95	70	64	0	
10	吴乐	78	59	55	0	
11						

图 7-46

7.7.2 OR 函数

OR 函数用于判定指定的多个条件是否有一个以上的条件成立。其语法格式为：

```
OR(logical1,[logical2],...)
```

参数说明

logical1,logical2,...： 1 到 255 个结果是 TRUE 或 FALSE 的检测条件。

应用秘技

在其参数组中，任何一个参数逻辑值为 TRUE，即返回TRUE；只有所有参数的逻辑值均为FALSE，才返回FALSE。

［实操 7-14］ 判断员工是否优秀

［实例资源］ 第 7 章 \ 例 7-14

如果员工的“学习能力”“沟通能力”“管理能力”中有一个大于 80 分，则该员工为优秀，否则为良好。

步骤 01 打开“OR 函数 .xlsx”素材文件，选择 E2 单元格，输入公式“=IF(OR(B2>80,C2>80,D2>80),"优秀","良好")”，如图 7-47 所示。

AND | =IF(OR(B2>80,C2>80,D2>80),"优秀","良好")

	A	B	C	D	E	F	G
1	员工	学习能力	沟通能力	管理能力	是否优秀		
2	周丽	70	=IF(OR(B2>80,C2>80,D2>80),"优秀","良好")				
3	王晓	65	85	45			
4	陈毅	82	87	85			
5	曹兴	60	97	95			
6	赵璇	70	69	84			
7	徐蚌	84	90	95			
8	张宇	66	78	74			
9	刘全	95	70	64			
10	吴乐	78	59	55			

图 7-47

步骤 02 按【Enter】键确认，判断出员工是否优秀，然后将公式向下填充即可，如图 7-48 所示。

E2 | =IF(OR(B2>80,C2>80,D2>80),"优秀","良好")

	A	B	C	D	E	F	G
1	员工	学习能力	沟通能力	管理能力	是否优秀		
2	周丽	70	84	91	优秀		
3	王晓	65	85	45	优秀		
4	陈毅	82	87	85	优秀		
5	曹兴	60	97	95	优秀		
6	赵璇	70	69	84	优秀		
7	徐蚌	84	90	95	优秀		
8	张宇	66	78	74	良好		
9	刘全	95	70	64	优秀		
10	吴乐	78	59	55	良好		
11							

图 7-48

7.7.3 IF 函数

IF 函数用于执行真假值判断，根据逻辑测试值返回不同的结果。其语法格式为：

IF(logical_test,value_if_true,value_if_false)

参数说明

- **logical_test：** 表示计算结果为 TRUE 或 FALSE 的任意值或表达式。
- **value_if_true：** 表示 logical_test 为 TRUE 时返回的值。
- **value_if_false：** 表示 logical_test 为 FALSE 时返回的值。

[实操 7-15] 判断员工是否退休

[实例资源] 第 7 章 \ 例 7-15

微课视频

假设男员工的年龄大于等于 60 岁时，该员工退休；女员工的年龄大于等于 50 岁时，该员工退休。

步骤 01 打开“IF 函数 .xlsx”素材文件，选择 D2 单元格，输入公式“=IF(OR(AND(B2=" 男 ",C2>=60),AND(B2=" 女 ",C2>=50))," 退休 "," 没退休 ")”，如图 7-49 所示。

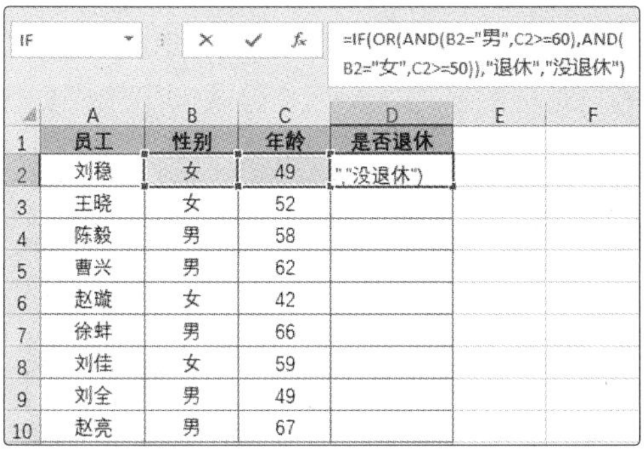
IF | =IF(OR(AND(B2="男",C2>=60),AND(B2="女",C2>=50)),"退休","没退休")

	A	B	C	D	E	F
1	员工	性别	年龄	是否退休		
2	刘稳	女	49	","没退休")		
3	王晓	女	52			
4	陈毅	男	58			
5	曹兴	男	62			
6	赵璇	女	42			
7	徐蚌	男	66			
8	刘佳	女	59			
9	刘全	男	49			
10	赵亮	男	67			

图 7-49

步骤 02 按【Enter】键确认，判断出员工是否退休，然后将公式向下填充即可，如图 7-50 所示。

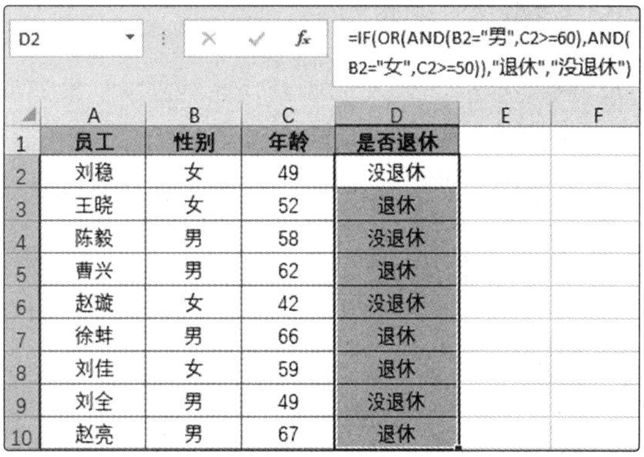
D2 | =IF(OR(AND(B2="男",C2>=60),AND(B2="女",C2>=50)),"退休","没退休")

	A	B	C	D	E	F
1	员工	性别	年龄	是否退休		
2	刘稳	女	49	没退休		
3	王晓	女	52	退休		
4	陈毅	男	58	没退休		
5	曹兴	男	62	退休		
6	赵璇	女	42	没退休		
7	徐蚌	男	66	退休		
8	刘佳	女	59	退休		
9	刘全	男	49	没退休		
10	赵亮	男	67	退休		

图 7-50

7.8 查找与引用函数的应用

如果需要在计算过程中查找或者引用某些符合要求的目标数据，则可以借助查找与引用函数。其中最常用的查找与引用函数有 VLOOKUP 函数、MATCH 函数、ROWS 函数等，下面将进行详细介绍。

7.8.1 VLOOKUP 函数

VLOOKUP 函数用于查找指定的数值，并返回当前行中指定列处的数值。其语法格式为：

VLOOKUP(lookup_value,table_array,col_index_num,[range_lookup])

参数说明

● **lookup_value：** 需要在数据表首列进行搜索的值，可以是数值、引用或字符串。

● **table_array：** 需要在其中查找数据的区域，用对区域或区域名称的引用来表示。

● **col_index_num：** 表示 table_array 中查找数据的数据列序号。col_index_num 为 1 时，返回 table_array 第 1 列的数值；col_index_num 为 2 时，返回 table_array 第 2 列的数值，以此类推。

● **range_lookup：** 表示一个逻辑值，指明用 VLOOKUP 函数查找指定的数值时是精确匹配，还是近似匹配。如果 range_lookup 为 FALSE 或 0，则返回精确匹配值；如果 range_lookup 为 TRUE 或 1，VLOOKUP 函数将查找近似匹配值；如果找不到精确匹配值，则返回小于 lookup_value 的最大数值。

 新手提示

VLOOKUP函数的第2个参数必须包含查找值和返回值，且第1列必须是查找值。

 ［实操 7-16］ 根据商品名称查询商品价格

［实例资源］ 第 7 章 \ 例 7-16

微课视频

用户可以使用 VLOOKUP 函数来根据商品名称查询商品价格，下面将介绍具体的操作方法。

步骤01 打开"VLOOKUP 函数 .xlsx"素材文件，选择 G2 单元格，输入公式"=VLOOKUP (F2,$A$2:$D$10,4,FALSE)"，如图 7-51 所示。

步骤02 按【Enter】键确认，即可查找出"荧光笔"对应的价格，然后将公式向下填充即可，如图 7-52 所示。

	A	B	C	D	E	F	G
						=VLOOKUP(F2,$A$2:$D$10,4,FALSE)	
1	商品名称	编码	单位	价格		商品名称	价格
2	尺子	CZ-1128	把	¥3.50		荧光笔	FALSE)
3	笔记本	CZ-8542	本	¥6.90		文件夹	
4	荧光笔	CZ-9874	支	¥5.50			
5	马克笔	CZ-3240	支	¥3.20			
6	削笔器	CZ-1103	个	¥9.50			
7	橡皮擦	CZ-7458	块	¥7.50			
8	文件夹	CZ-6321	个	¥4.50			
9	圆珠笔	CZ-7896	支	¥5.50			
10	中性笔	CZ-5238	支	¥2.50			

图 7-51

	A	B	C	D	E	F	G
						=VLOOKUP(F2,$A$2:$D$10,4,FALSE)	
1	商品名称	编码	单位	价格		商品名称	价格
2	尺子	CZ-1128	把	¥3.50		荧光笔	¥5.50
3	笔记本	CZ-8542	本	¥6.90		文件夹	¥4.50
4	荧光笔	CZ-9874	支	¥5.50			
5	马克笔	CZ-3240	支	¥3.20			
6	削笔器	CZ-1103	个	¥9.50			
7	橡皮擦	CZ-7458	块	¥7.50			
8	文件夹	CZ-6321	个	¥4.50			
9	圆珠笔	CZ-7896	支	¥5.50			
10	中性笔	CZ-5238	支	¥2.50			

图 7-52

7.8.2 MATCH 函数

MATCH 函数用于返回指定方式下与指定数值匹配的元素的相应位置。其语法格式为：

MATCH(lookup_value,lookup_array,[match_type])

参数说明

● **lookup_value：** 表示要查找的值，其参数可以为值（数字、文本或逻辑值）或对数字、文本或逻辑值的单元格的引用。

- **lookup_array：** 含有要查找的值的连续单元格区域，可以是一个数组，或是对某数组的引用。
- **match_type：** 指定检索要查找的值的方法，如表 7-7 所示。

表 7-7

match_type	检索方法
1 或省略	MATCH 函数会查找小于或等于 lookup_value 的最大值。lookup_array 参数中的值必须按升序排列
0	MATCH 函数会查找等于 lookup_value 的第 1 个值。lookup_array 参数中的值可以按任何顺序排列
−1	MATCH 函数会查找大于或等于 lookup_value 的最小值。lookup_array 参数中的值必须按降序排列

［实操 7-17］ 根据编码查找商品名称

［实例资源］ 第 7 章 \ 例 7-17

用户可以使用 MATCH 函数来根据编码查找商品名称，下面将介绍具体的操作方法。

步骤 01 打开 "MATCH 函数 .xlsx" 素材文件，选择 G2 单元格，输入公式 "=INDEX(A2:A10, MATCH(F2,B2:B10,0))"，如图 7-53 所示。

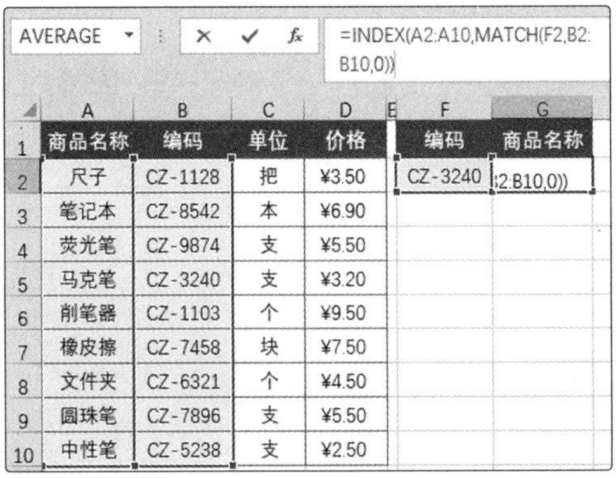

步骤 02 按【Enter】键确认，即可查找出编码对应的商品名称，如图 7-54 所示。

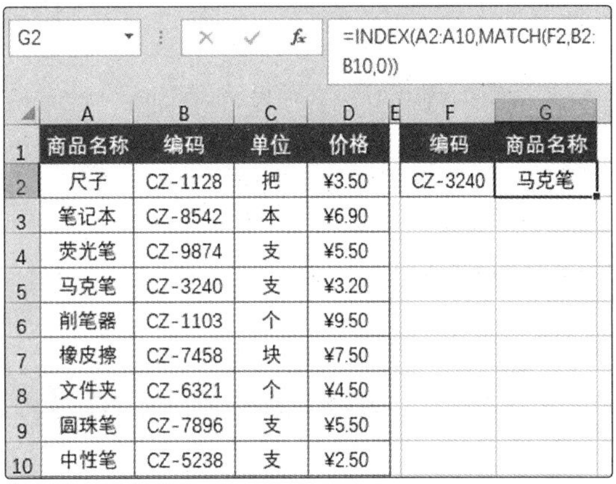

图 7-53

图 7-54

应用秘技

上述公式先使用 MATCH 函数查找编码所在位置，然后使用 INDEX 函数返回对应单元格的商品名称。

7.8.3 ROWS 函数

ROWS 函数用于返回某一引用或数组的行数。其语法格式为：

ROWS(array)

参数说明

array： 为要计算行数的数组、数组公式或对单元格区域的引用。

[实操 7-18] 计算商品数量

[实例资源] 第 7 章 \ 例 7-18

用户可以使用 ROWS 函数计算商品数量，下面将介绍具体的操作方法。

步骤 01 打开"ROWS 函数 .xlsx"素材文件，选择 B11 单元格，输入公式"=ROWS(A2:A10)"，如图 7-55 所示。

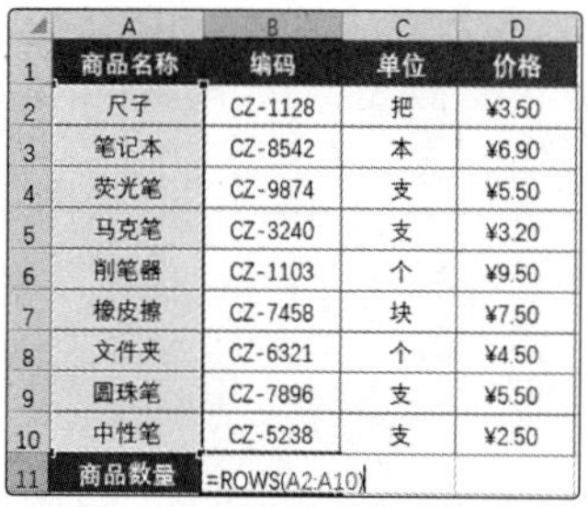

步骤 02 按【Enter】键确认，即可计算出商品数量，如图 7-56 所示。

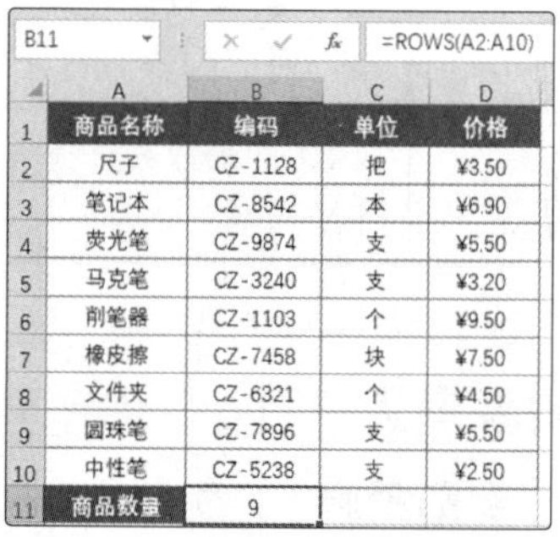

图 7-55

图 7-56

提取员工信息

下面将根据身份证号码提取员工信息，温习和巩固前面所学知识，其具体操作步骤如下。

步骤 01 打开"提取员工信息 - 原始 .xlsx"素材文件，选择 E2 单元格，输入公式"=IF(MOD(MID(H2,17,1),2)=1,"男","女")"，如图 7-57 所示。

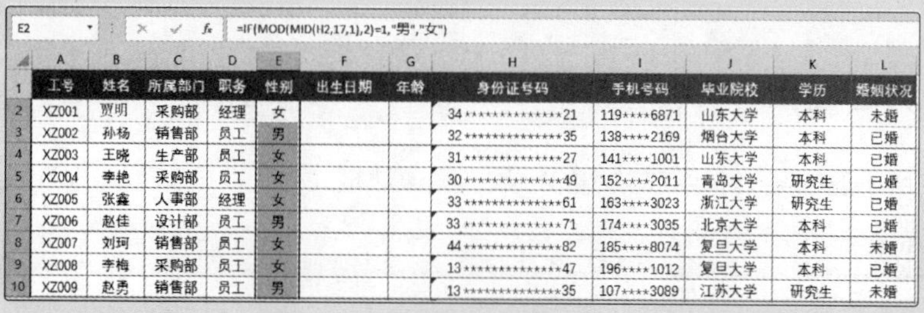

步骤 02 按【Enter】键确认，即可从员工身份证号码中提取出"性别"信息，然后将公式向下填充，如图 7-58 所示。

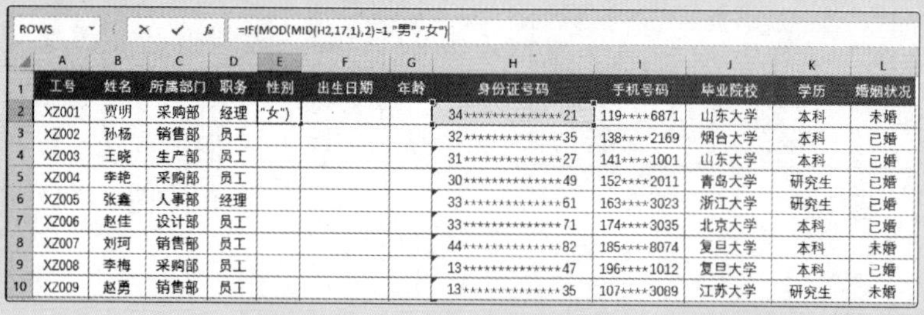

图 7-57

图 7-58

上述公式先使用MID函数查找出身份证号码的第17位数字，然后用MOD函数将查找到的数字除以2得到余数，最后用IF函数进行判断，并返回判断结果。当第17位数除以2的余数等于1时，说明该数为奇数，返回"男"，否则返回"女"。

步骤 03 选择 F2 单元格，输入公式 "=TEXT (MID(H2,7,8),"0000-00-00")"，如图 7-59 所示。

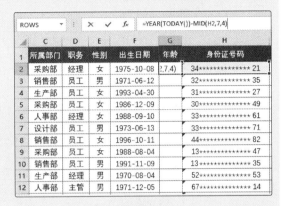

	C	D	E	F	G	H
ROWS			fx	=TEXT(MID(H2,7,8),"0000-00-00")		
1	所属部门	职务	性别	出生日期	年龄	身份证号码
2	采购部	经理	女	00-00-00")		34★★★★★★★★★★★★★21
3	销售部	员工	男			32★★★★★★★★★★★★★35
4	生产部	员工	女			31★★★★★★★★★★★★★27
5	采购部	员工	男			30★★★★★★★★★★★★★49
6	人事部	经理	女			33★★★★★★★★★★★★★61
7	设计部	员工	男			33★★★★★★★★★★★★★71
8	销售部	员工	女			44★★★★★★★★★★★★★82
9	采购部	员工	女			13★★★★★★★★★★★★★47
10	销售部	员工	男			13★★★★★★★★★★★★★35
11	生产部	经理	男			52★★★★★★★★★★★★★53
12	人事部	主管	男			67★★★★★★★★★★★★★14

图 7-59

步骤 04 按【Enter】键确认，即可从员工身份证号码中提取出"出生日期"，然后将公式向下填充，如图 7-60 所示。

	C	D	E	F	G	H
F2			fx	=TEXT(MID(H2,7,8),"0000-00-00")		
1	所属部门	职务	性别	出生日期	年龄	身份证号码
2	采购部	经理	女	1975-10-08		34★★★★★★★★★★★★★21
3	销售部	员工	男	1971-06-12		32★★★★★★★★★★★★★35
4	生产部	员工	女	1993-04-30		31★★★★★★★★★★★★★27
5	采购部	员工	男	1986-12-09		30★★★★★★★★★★★★★49
6	人事部	经理	女	1988-09-10		33★★★★★★★★★★★★★61
7	设计部	员工	男	1973-06-13		33★★★★★★★★★★★★★71
8	销售部	员工	女	1996-10-11		44★★★★★★★★★★★★★82
9	采购部	员工	女	1988-08-04		13★★★★★★★★★★★★★47
10	销售部	员工	男	1991-11-09		13★★★★★★★★★★★★★35
11	生产部	经理	男	1970-08-04		52★★★★★★★★★★★★★53
12	人事部	主管	男	1971-12-05		67★★★★★★★★★★★★★14

图 7-60

步骤 05 选择 G2 单元格，输入公式 "=YEAR (TODAY())-MID(H2,7,4)"，如图 7-61 所示。

	C	D	E	F	G	H
ROWS			fx	=YEAR(TODAY())-MID(H2,7,4)		
1	所属部门	职务	性别	出生日期	年龄	身份证号码
2	采购部	经理	女	1975-10-08	2,7,4)	34★★★★★★★★★★★★★21
3	销售部	员工	男	1971-06-12		32★★★★★★★★★★★★★35
4	生产部	员工	女	1993-04-30		31★★★★★★★★★★★★★27
5	采购部	员工	男	1986-12-09		30★★★★★★★★★★★★★49
6	人事部	经理	女	1988-09-10		33★★★★★★★★★★★★★61
7	设计部	员工	男	1973-06-13		33★★★★★★★★★★★★★71
8	销售部	员工	女	1996-10-11		44★★★★★★★★★★★★★82
9	采购部	员工	女	1988-08-04		13★★★★★★★★★★★★★47
10	销售部	员工	男	1991-11-09		13★★★★★★★★★★★★★35
11	生产部	经理	男	1970-08-04		52★★★★★★★★★★★★★53
12	人事部	主管	男	1971-12-05		67★★★★★★★★★★★★★14

图 7-61

步骤 06 按【Enter】键确认，即可从员工身份证号码中提取出"年龄"，并将公式向下填充，如图 7-62 所示。

	C	D	E	F	G	H
G2			fx	=YEAR(TODAY())-MID(H2,7,4)		
1	所属部门	职务	性别	出生日期	年龄	身份证号码
2	采购部	经理	女	1975-10-08	46	34★★★★★★★★★★★★★21
3	销售部	员工	男	1971-06-12	50	32★★★★★★★★★★★★★35
4	生产部	员工	女	1993-04-30	28	31★★★★★★★★★★★★★27
5	采购部	员工	男	1986-12-09	35	30★★★★★★★★★★★★★49
6	人事部	经理	女	1988-09-10	33	33★★★★★★★★★★★★★61
7	设计部	员工	男	1973-06-13	48	33★★★★★★★★★★★★★71
8	销售部	员工	女	1996-10-11	25	44★★★★★★★★★★★★★82
9	采购部	员工	女	1988-08-04	33	13★★★★★★★★★★★★★47
10	销售部	员工	男	1991-11-09	30	13★★★★★★★★★★★★★35
11	生产部	经理	男	1970-08-04	51	52★★★★★★★★★★★★★53
12	人事部	主管	男	1971-12-05	50	67★★★★★★★★★★★★★14

图 7-62

应用秘技

身份证号码的第7~14位数字是出生日期。上述公式先使用MID函数从身份证号码中提取出代表出生日期的数字，然后用TEXT函数将提取出的数字以指定的文本格式返回。

疑难解答

Q1：如何自动求和？

A： 选择单元格❶，在"公式"选项卡中单击"自动求和"下拉按钮❷，在下拉列表中选择"求和"选项❸，如图 7-63 所示。系统自动在单元格中输入公式，如图 7-64 所示。然后按【Enter】键确认即可。

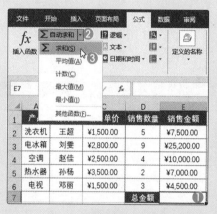

图 7-63

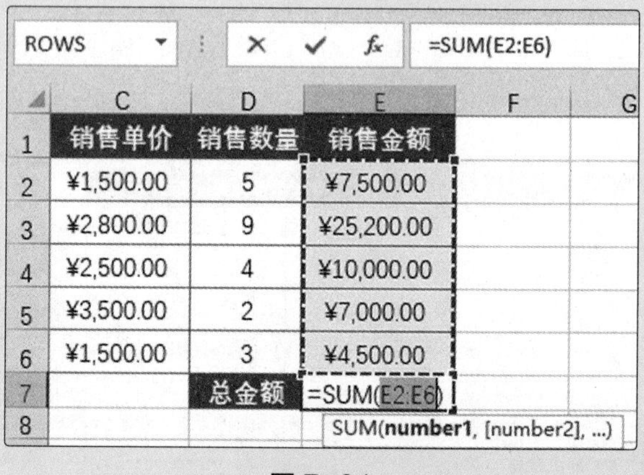

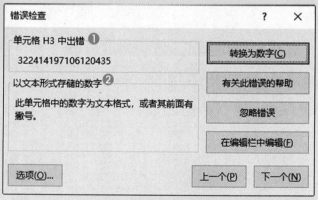

图 7-64

Q2：如何检查错误公式？

A： 在"公式"选项卡中单击"错误检查"按钮，如图 7-65 所示。打开"错误检查"对话框，其中显示了出错的单元格❶，以及出错的原因❷，用户在对话框的右侧可以进行"有关此错误的帮助""忽略错误""在编辑栏中编辑"等操作，如图 7-66 所示。

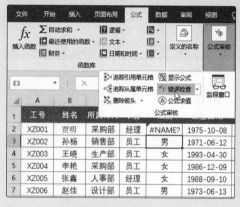

图 7-65

图 7-66

Q3：如何显示公式？

A： 在"公式"选项卡中单击"显示公式"按钮，即可将单元格中的公式显示出来。

第 8 章

数据的分析与处理

　　使用 Excel 可以对数据进行分析与处理，如排序、筛选、分类汇总等。掌握这些操作，用户可以快速分析具有大量数据的表格，从而极大地提高工作效率。本章将对数据的分析与处理进行详细介绍。

8.1 条件格式

条件格式就是根据条件使用数据条、色阶和图标集等，以更直观的方式显示单元格中的相关数据信息。用户可以通过设置条件格式突出显示某些单元格中的数值，下面将进行详细介绍。

8.1.1 突出显示满足指定条件的单元格

用户使用"突出显示单元格规则"功能，可以突出显示满足指定条件的单元格，如图 8-1 所示。

[实操 8-1] 突出显示"销售数量"大于 10 的单元格

[实例资源] 第 8 章 \ 例 8-1

微课视频

如果用户想要将表格中销售数量大于 10 的单元格突出显示，则可以按照以下方法进行操作。

步骤 01 打开"员工销售数据统计表 .xlsx"素材文件，选择 E2:E23 单元格区域，在"开始"选项卡中单击"条件格式"下拉按钮❶，在下拉列表中选择"突出显示单元格规则"选项❷，并在其级联菜单中选择"大于"选项❸，如图 8-2 所示。

步骤 02 打开"大于"对话框，在"为大于以下值的单元格设置格式"文本框中输入"10"❶，然后在"设置为"下拉列表中选择"浅红色填充"选项❷，单击"确定"按钮❸，即可将销售数量大于 10 的单元格突出显示❹，如图 8-3 所示。

图 8-2

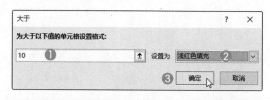

图 8-3

8.1.2 使用数据条展示数据大小

使用"数据条"功能可以快速为一组数据插入数据条，并根据数值自动调整数据条长度，数值越大数据条越长，数值越小数据条越短。

[实操 8-2] 为销售金额添加数据条

[实例资源] 第 8 章 \ 例 8-2

微课视频

如果用户想要直观地显示数据的大小，则可以为数据添加数据条。下面将介绍具体的操作方法。

步骤 01 打开"员工销售数据统计表 .xlsx"素材文件，选择 G2:G23 单元格区域，在"开始"选项卡中单击"条件格式"下拉按钮❶，在下拉列表中选择"数据条"选项❷，并在其级联菜单中选择合适的数据条样式❸，如图 8-4 所示。

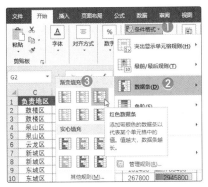

图 8-4

步骤 02 为"销售金额"数据添加数据条，如图 8-5 所示。

▲	A	B	C	D	E	F	G
1	日期	销售员	负责地区	产品名称	销售数量	产品单价	销售金额
2	2021/6/1	王博	鼓楼区	红旗	2	¥390000	¥780000
3	2021/6/1	李琦	鼓楼区	奥迪	3	¥290000	¥870000
4	2021/6/1	杜飞	泉山区	大众	8	¥139900	¥1119200
5	2021/6/3	孙杨	泉山区	现代	13	¥120000	¥1560000
6	2021/6/3	周丽	云龙区	奔驰	1	¥184800	¥184800
7	2021/6/6	王晓	新城区	红旗	2	¥480000	¥960000
8	2021/6/6	刘雯	新城区	奥迪	3	¥270000	¥810000
9	2021/6/6	赵佳	东城区	奥迪	6	¥131400	¥788400
10	2021/6/7	徐蚌	东城区	奔驰	11	¥267800	¥2945800
11	2021/6/7	曹兴	鼓楼区	红旗	6	¥228500	¥1371000
12	2021/6/7	陈毅	九龙区	福特	5	¥123800	¥619000
13	2021/6/7	李贺	泉山区	奔驰	2	¥399000	¥798000
14	2021/6/9	韩梅	九龙区	奥迪	3	¥342800	¥1028400
15	2021/6/9	李艳	九龙区	现代	7	¥87800	¥614600
16	2021/6/9	王畅	云龙区	现代	6	¥34900	¥209400
17	2021/6/10	吴乐	云龙区	红旗	2	¥360000	¥720000
18	2021/6/10	张宇	新城区	福特	3	¥62900	¥188700
19	2021/6/10	王学	鼓楼区	奥迪	2	¥425300	¥850600
20	2021/6/10	夏松	新城区	福特	12	¥270900	¥3250800
21	2021/6/11	岳鹏	泉山区	大众	8	¥126900	¥1015200
22	2021/6/11	李白	云龙区	大众	5	¥49300	¥246500
23	2021/6/11	刘云	九龙区	奔驰	4	¥334800	¥1339200

图 8-5

8.1.3 使用色阶反映数据大小

在对数据进行查看和比较时，为了能够更直观地了解整体效果，用户可以使用"色阶"功能来展示数据的整体分布情况。

[实操 8-3] 为"产品单价"添加色阶

[实例资源] 第 8 章 \ 例 8-3

为了快速了解产品单价的分布情况，可以为数据添加色阶。下面将介绍具体的操作方法。

步骤 01 打开"员工销售数据统计表 .xlsx"素材文件，选择 F2:F23 单元格区域，在"开始"选项卡中单击"条件格式"下拉按钮❶，在下拉列表中选择"色阶"选项❷，并在其级联菜单中选择合适的色阶样式❸，如图 8-6 所示。

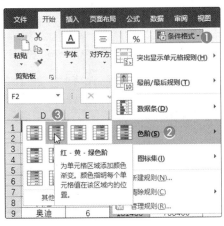

图 8-6

步骤 02 为"产品单价"数据添加色阶，如图 8-7 所示。其中红色代表最大值，黄色代表中间值，绿色代表最小值。

▲	A	B	C	D	E	F	G
1	日期	销售员	负责地区	产品名称	销售数量	产品单价	销售金额
2	2021/6/1	王博	鼓楼区	红旗	2	¥390000	¥780000
3	2021/6/1	李琦	鼓楼区	奥迪	3	¥290000	¥870000
4	2021/6/1	杜飞	泉山区	大众	8	¥139900	¥1119200
5	2021/6/3	孙杨	泉山区	现代	13	¥120000	¥1560000
6	2021/6/3	周丽	云龙区	奔驰	1	¥184800	¥184800
7	2021/6/6	王晓	新城区	红旗	2	¥480000	¥960000
8	2021/6/6	刘雯	新城区	奥迪	3	¥270000	¥810000
9	2021/6/6	赵佳	东城区	奥迪	6	¥131400	¥788400
10	2021/6/7	徐蚌	东城区	奔驰	11	¥267800	¥2945800
11	2021/6/7	曹兴	鼓楼区	红旗	6	¥228500	¥1371000
12	2021/6/7	陈毅	九龙区	福特	5	¥123800	¥619000
13	2021/6/7	李贺	泉山区	奔驰	2	¥399000	¥798000
14	2021/6/9	韩梅	九龙区	奥迪	3	¥342800	¥1028400
15	2021/6/9	李艳	九龙区	现代	7	¥87800	¥614600
16	2021/6/9	王畅	云龙区	现代	6	¥34900	¥209400
17	2021/6/10	吴乐	云龙区	红旗	2	¥360000	¥720000
18	2021/6/10	张宇	新城区	福特	3	¥62900	¥188700
19	2021/6/10	王学	鼓楼区	奥迪	2	¥425300	¥850600
20	2021/6/10	夏松	新城区	福特	12	¥270900	¥3250800
21	2021/6/11	岳鹏	泉山区	大众	8	¥126900	¥1015200
22	2021/6/11	李白	云龙区	大众	5	¥49300	¥246500
23	2021/6/11	刘云	九龙区	奔驰	4	¥334800	¥1339200

图 8-7

8.1.4 使用图标集对数据进行分类

图标集用于标示数据属于哪一个等级。在进行数据展示时，用户可以使用"图标集"功能对数据进行等级划分。

[实操 8-4] 为"销售数量"划分等级

[实例资源] 第 8 章 \ 例 8-4

如果用户想要将小于 5 的销售数量以"⬇"图标标示，大于等于 5 且小于 10 的销售数量以"➡"图标标示，大于等于 10 的销售数量以"⬆"图标标示，则可以新建规则。

步骤 01 打开"员工销售数据统计表 .xlsx"素材文件，选择 E2:E23 单元格区域，在"开始"选项卡中单击"条件格式"下拉按钮，在下拉列表中选择"新建规则"选项，如图 8-8 所示。

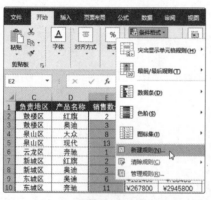

图 8-8

步骤 02 打开"新建格式规则"对话框，在"格式样式"下拉列表中选择"图标集"选项❶，并选择合适的"图标样式"❷，在"根据以下规则显示各个图标"区域，设置图标的类型和值❸，如图 8-9 所示。然后单击"确定"按钮。

图 8-9

步骤 03 按照设置的规则在指定单元格区域显示图标集，如图 8-10 所示。

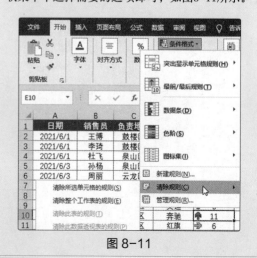

图 8-10

应用秘技

如果用户想要清除设置的条件格式，则在"开始"选项卡中单击"条件格式"下拉按钮，在下拉列表中选择"清除规则"选项，并在其级联菜单中选择需要的选项即可，如图8-11所示。

图 8-11

8.2 排序

排序是指按照指定的顺序将数据重新排列组织。排序通常分为简单排序、复杂排序和自定义排序，下面将进行详细介绍。

8.2.1 简单排序

简单排序多指对表格中的某一列进行排序。用户通过单击"升序"按钮或"降序"按钮可以对数据进行"升序"或"降序"排序，如图 8-12 和图 8-13 所示。

图 8-12

图 8-13

8.2.2 复杂排序

复杂排序是将工作表中的数据按照两个或两个以上的关键字进行排序。用户使用"排序"功能就可以实现复杂排序，如图 8-14 所示。

图 8-14

[实操 8-5] 对"负责地区"和"销售数量"进行"升序"排序

[实例资源] 第 8 章 \ 例 8-5

如果需要对两个或两个以上的字段进行排序，则可以按照以下方法进行操作。

步骤 01 打开"员工销售数据统计表 .xlsx"素材文件，选择表格中的任意单元格，在"数据"选项卡中单击"排序"按钮❶，打开"排序"对话框，将"主要关键字"设置为"负责地区"❷，将"次

序"设置为"升序"❸。单击"添加条件"按钮❹，添加次要关键字，将"次要关键字"设置为"销售数量"❺，将"次序"设置为"升序"❻，如图 8-15 所示。然后单击"确定"按钮。

步骤 02 将"负责地区"和"销售数量"字段按照"升序"进行排序，如图 8-16 所示。

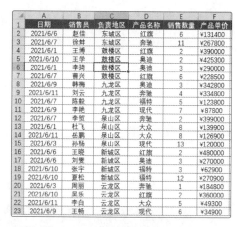

图 8-15　　　　　　　　　　　　　　　　　　　　图 8-16

8.2.3　自定义排序

　　Excel 内置的排序功能无法满足所有情况，例如要按照"行政部、财务部、销售部、生产部"或"优、良、中、不合格"这样的顺序对数据进行排序，就需要创建自定义序列。用户通过"自定义序列"对话框就可以创建自定义序列，如图 8-17 所示。

图 8-17

 [实操 8-6] 按照特定的类别进行排序
[实例资源] 第 8 章 \ 例 8-6

微课视频

　　如果用户想要按照泉山区、云龙区、九龙区、新城区、鼓楼区、东城区的顺序进行排序，则可以按照以下方法进行操作。

步骤01 打开"员工销售数据统计表 .xlsx"素材文件，选择表格中的任意单元格，在"数据"选项卡中单击"排序"按钮，打开"排序"对话框，将"主要关键字"设置为"负责地区"，单击"次序"下拉按钮，在下拉列表中选择"自定义序列"选项，如图 8-18 所示。

步骤02 打开"自定义序列"对话框，在"输入序列"列表框中输入"泉山区、云龙区、九龙区、新城区、鼓楼区、东城区"❶，单击"添加"按钮❷，将其添加到"自定义序列"列表框中❸，如图 8-19 所示。然后单击"确定"按钮。

图 8-18

图 8-19

步骤03 返回"排序"对话框，直接单击"确定"按钮，即可按照自定义序列进行排序，如图8-20所示。

	A	B	C	D	E	F	G
1	日期	销售员	负责地区	产品名称	销售数量	产品单价	销售金额
2	2021/6/1	杜飞	泉山区	大众	8	¥139900	¥1119200
3	2021/6/3	孙杨	泉山区	现代	13	¥120000	¥1560000
4	2021/6/7	李贺	泉山区	奔驰	2	¥399000	¥798000
5	2021/6/11	岳鹏	泉山区	大众	8	¥126900	¥1015200
6	2021/6/3	周丽	云龙区	奔驰	1	¥184800	¥184800
7	2021/6/9	王畅	云龙区	现代	6	¥34900	¥209400
8	2021/6/10	吴乐	云龙区	红旗	2	¥360000	¥720000
9	2021/6/11	辛白	云龙区	大众	5	¥49300	¥246500
10	2021/6/7	陈毅	九龙区	福特	5	¥123800	¥619000
11	2021/6/9	韩梅	九龙区	奥迪	3	¥342800	¥1028400
12	2021/6/9	李艳	九龙区	现代	7	¥87800	¥614600
13	2021/6/11	刘云	九龙区	奔驰	4	¥334800	¥1339200
14	2021/6/6	王晓	新城区	红旗	2	¥480000	¥960000
15	2021/6/6	刘雯	新城区	奥迪	3	¥270000	¥810000
16	2021/6/10	张宇	新城区	福特	3	¥62900	¥188700
17	2021/6/1	夏松	新城区	福特	12	¥270900	¥3250800
18	2021/6/1	王博	鼓楼区	红旗	2	¥390000	¥780000
19	2021/6/1	李琦	鼓楼区	奥迪	3	¥290000	¥870000
20	2021/6/7	曹兴	鼓楼区	红旗	6	¥228500	¥1371000
21	2021/6/10	王学	鼓楼区	奥迪	2	¥425300	¥850600
22	2021/6/6	赵佳	东城区	奥迪	6	¥131400	¥788400
23	2021/6/7	徐蚌	东城区	奔驰	11	¥267800	¥2945800

图 8-20

应用秘技

如果在"排序"对话框中单击"选项"按钮，则在打开的"排序选项"对话框中可以设置按行或列排序和按字母或笔画排序，如图8-21所示。

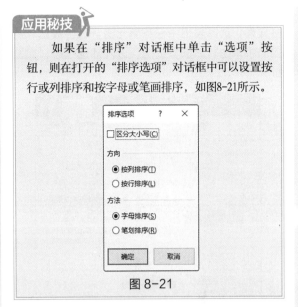

图 8-21

8.3 筛选

筛选就是从大量的数据中将符合条件的数据快速查找并显示出来。用户可以对数据进行自动筛选、自定义筛选、模糊筛选、高级筛选等，下面将进行详细介绍。

8.3.1 自动筛选

当筛选条件比较简单时，使用自动筛选功能可以快速地将符合条件的数据筛选出来。

[实操 8-7] 将"泉山区"的销售数据筛选出来

[实例资源] 第 8 章 \ 例 8-7

如果用户想要查看"泉山区"的销售数据，可以对"负责地区"字段进行筛选。下面将介绍具体的操作方法。

应用秘技

如果用户需要取消筛选，则在"数据"选项卡中单击"清除"按钮，如图8-22所示。这样可清除筛选结果，恢复原始状态，但会保留筛选状态。

图 8-22

步骤 01 打开"员工销售数据统计表 .xlsx"素材文件，选择表格中任意单元格，在"数据"选项卡中单击"筛选"按钮，进入筛选状态，如图8-23 所示。

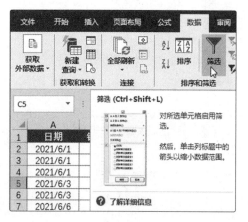

图 8-23

步骤 02 单击"负责地区"筛选按钮❶，在下拉列表中取消对"全选"复选框的勾选❷，而勾选"泉山区"复选框❸，如图 8-24 所示。然后单击"确定"按钮。

图 8-24

步骤 03 将"泉山区"的销售数据筛选出来，如图 8-25 所示。

	A	B	C	D	E	F	G
1	日期	销售员	负责地区	产品名称	销售数量	产品单价	销售金额
4	2021/6/1	杜飞	泉山区	大众	8	¥139900	¥1119200
5	2021/6/3	孙杨	泉山区	现代	13	¥120000	¥1560000
13	2021/6/7	李贺	泉山区	奔驰	2	¥399000	¥798000
21	2021/6/11	岳鹏	泉山区	大众	8	¥126900	¥1015200

图 8-25

8.3.2 自定义筛选

当用户需要筛选条件不明确，或具有某些特征的数据时，可以使用自定义筛选功能进行筛选。

 [实操 8-8] 将"销售数量"大于 10 的数据筛选出来
[实例资源] 第 8 章 \ 例 8-8

当需要知道"销售数量"大于 10 的数据有哪些时，可以进行自定义筛选。下面将介绍具体的操作方法。

步骤 01 打开"员工销售数据统计表 .xlsx"素材文件，选择表格中的任意单元格，按【Ctrl+Shift+L】组合键，进入筛选状态，单击"销售数量"筛选按钮❶，在下拉列表中选择"数字筛选"选项❷，并在其级联菜单中选择"大于"选项❸，如图 8-26 所示。

步骤 02 打开"自定义自动筛选方式"对话框，在"大于"后面的文本框中输入"10"，单击"确定"按钮，即可将"销售数量"大于 10 的数据筛选出来，如图 8-27 所示。

图 8-26

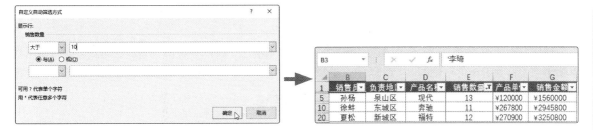

图 8-27

8.3.3 模糊筛选

如果用户想要对指定形式或包含指定字符的文本进行筛选，则可以借助通配符进行模糊筛选。通配符有"?"和"*"，"?"代表单个字符，"*"代表任意多个字符。

[实操 8-9] 将姓"李"的销售员的销售数据筛选出来

[实例资源] 第 8 章 \ 例 8-9

微课视频

用户可以使用"*"通配符将姓"李"的销售员的销售数据筛选出来，下面将介绍具体的操作方法。

步骤 01 打开"员工销售数据统计表 .xlsx"素材文件，选择表格中的任意单元格，按【Ctrl+Shift+L】组合键，进入筛选状态，单击"销售员"筛选按钮❶，在下拉列表中选择"文本筛选"选项❷，并在其级联菜单中选择"自定义筛选"选项❸，如图 8-28 所示。

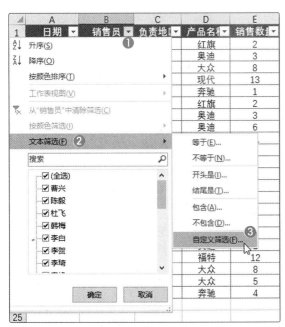

图 8-28

步骤 02 打开"自定义自动筛选方式"对话框，在"等于"后面的文本框中输入"李 *"，单击"确定"按钮，即可将姓"李"的销售员的销售数据筛选出来，如图 8-29 所示。

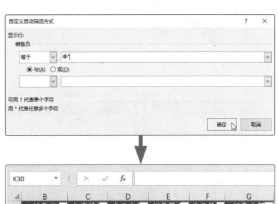

图 8-29

 新手提示

对数据进行筛选，符合条件的数据就被筛选出来了，而不符合条件的数据被隐藏起来了，并没有被删除。

8.3.4 高级筛选

当用户需要按照指定的多个条件筛选数据时，可以使用 Excel 的高级筛选功能。用户需要在表格数据的下方设置筛选条件，如图 8-30 所示。当条件都在同一行时，表示“与”关系；当条件不在同一行时，表示“或”关系。

	A	B	C
25	负责地区	产品名称	销售金额
26	鼓楼区	红旗	
27			>¥2000000

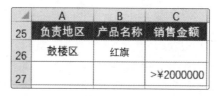

图 8-30

［实操 8-10］ 将满足多个条件的销售数据筛选出来

［实例资源］ 第 8 章 \ 例 8-10

如果用户需要将“负责地区”为“鼓楼区”，并且“产品名称”为“红旗”，或者“销售金额”大于 2000000 元的数据筛选出来，则可以按照以下方法进行操作。

步骤 01 打开“员工销售数据统计表 .xlsx”素材文件，选择表格中的任意单元格，在“数据”选项卡中单击“高级”按钮，如图 8-31 所示。

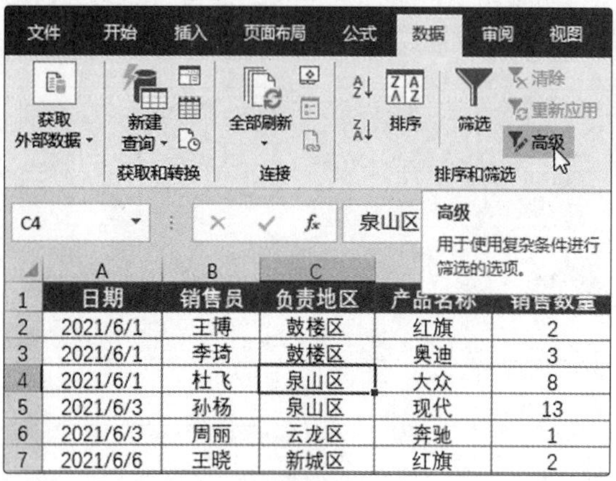

图 8-31

步骤 02 打开“高级筛选”对话框，设置“列表区域”❶和“条件区域”❷，如图 8-32 所示。然后单击“确定”按钮。

应用秘技

其中，“列表区域”表示要进行筛选的单元格区域，也就是整个数据表；而“条件区域”表示包含指定筛选数据条件的单元格区域，也就是创建的筛选条件区域。

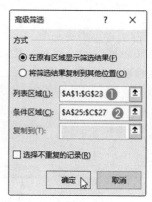

图 8-32

步骤 03 将符合条件的数据筛选出来，如图 8-33 所示。

	A	B	C	D	E	F	G
1	日期	销售员	负责地区	产品名称	销售数量	产品单价	销售金额
2	2021/6/1	王博	鼓楼区	红旗	2	¥390000	¥780000
10	2021/6/7	徐蚌	东城区	奔驰	11	¥267800	¥2945800
11	2021/6/7	曹兴	鼓楼区	红旗	6	¥228500	¥1371000
20	2021/6/10	夏松	新城区	福特	12	¥270900	¥3250800
24							
25	负责地区	产品名称	销售金额				
26	鼓楼区	红旗					
27			>¥2000000				

图 8-33

新手提示

创建筛选条件时，其列标题必须与需要筛选的表格数据的列标题一致，否则将无法筛选出正确的结果。

8.4 分类汇总

在管理数据时，有时需要对数据进行求和、求平均值、求最大值等操作。使用 Excel 的分类汇总功能可以非常方便地对数据进行分类汇总分析，下面将进行详细介绍。

8.4.1 单项分类汇总

单项分类汇总就是按照一个字段进行分类汇总。用户使用"分类汇总"功能就可以对数据进行分类汇总操作，如图 8-34 所示。

图 8-34

 [实操 8-11] 对"负责地区"字段进行分类汇总

[实例资源] 第 8 章\例 8-11

微课视频

如果用户想要按照"负责地区"字段分类，对"销售金额"数据进行汇总，则可以按照以下方法进行操作。

步骤 01 打开"员工销售数据统计表 .xlsx"素材文件，选择"负责地区"列中的任意单元格，在"数据"选项卡中单击"升序"按钮，对"负责地区"字段进行升序排序，如图 8-35 所示。

图 8-35

步骤 02 在"数据"选项卡中单击"分类汇总"按钮，如图 8-36 所示。

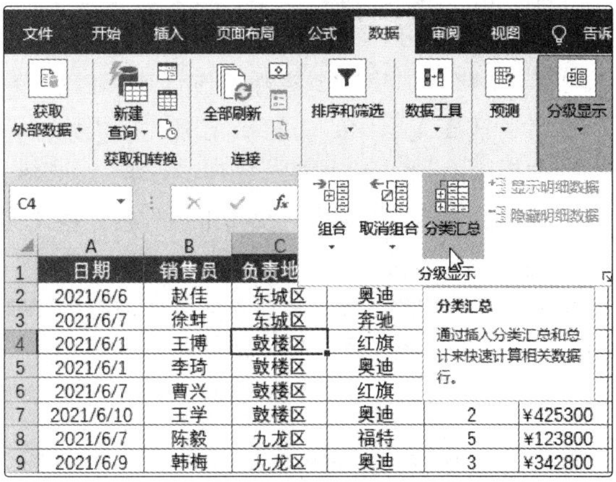

图 8-36

步骤 03 打开"分类汇总"对话框，将"分类字段"设置为"负责地区"❶，将"汇总方式"设置为"求和"❷，在"选定汇总项"列表框中勾选"销售金额"复选框❸，如图 8-37 所示。然后单击"确定"按钮。按照"负责地区"字段分类，对"销售金额"数据进行汇总，如图 8-38 所示。

图 8-37

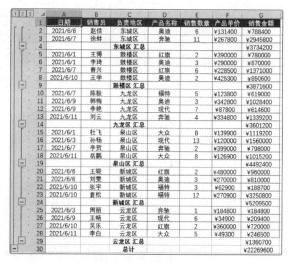

图 8-38

8.4.2 嵌套分类汇总

嵌套分类汇总是在一个分类汇总的基础上，对其他字段再次进行分类汇总。在分类汇总前，用户需要对分类汇总的字段进行排序。

 [实操 8-12] 对"负责地区"和"产品名称"字段进行分类汇总
[实例资源] 第 8 章 \ 例 8-12

用户对"负责地区"字段进行分类汇总后，还可以在其基础上对"产品名称"字段进行分类汇总。下面将介绍具体的操作方法。

步骤 01 打开"员工销售数据统计表 .xlsx"素材文件，选择表格中的任意单元格，在"数据"选项卡中单击"排序"按钮，打开"排序"对话框，将"主要关键字"设置为"负责地区"❶，将"次序"设置为"升序"❷，然后将"次要关键字"设置为"产品名称"❸，将"次序"也设置为"升序"❹，如图 8-39 所示。然后单击"确定"按钮。

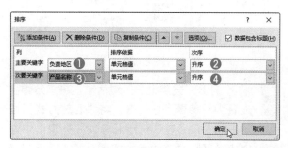

图 8-39

步骤 02 在"数据"选项卡中单击"分类汇总"按钮，打开"分类汇总"对话框，将"分类字段"设置为"负责地区"，将"汇总方式"设置为"求

和"，在"选定汇总项"列表框中勾选"销售金额"复选框，单击"确定"按钮，如图 8-40 所示。再次打开"分类汇总"对话框，将"分类字段"设置为"产品名称"，取消勾选"替换当前分类汇总"复选框，单击"确定"按钮，如图 8-41 所示。

图 8-40

图 8-41

	A	B	C	D	E	F	G
1	日期	销售员	负责地区	产品名称	销售数量	产品单价	销售金额
2	2021/6/6	赵佳	东城区	奥迪	6	¥131400	¥788400
3				奥迪 汇总			¥788400
4	2021/6/7	徐蚌	东城区	奔驰	11	¥267800	¥2945800
5				奔驰 汇总			¥2945800
6			东城区 汇总				¥3734200
7	2021/6/1	李琦	鼓楼区	奥迪	3	¥290000	¥870000
8	2021/6/10	王学	鼓楼区	奥迪	2	¥425300	¥850600
9				奥迪 汇总			¥1720600
10	2021/6/1	王博	鼓楼区	红旗	2	¥390000	¥780000
11	2021/6/7	曹兴	鼓楼区	红旗	6	¥228500	¥1371000
12				红旗 汇总			¥2151000
13			鼓楼区 汇总				¥3871600

图 8-42

8.4.3 复制汇总结果

对数据进行分类汇总后，用户可以将汇总结果复制到新工作表中，方便查看和再次编辑。

[实操 8-13] 复制"负责地区"字段的汇总结果

[实例资源] 第 8 章 \ 例 8-13

对"负责地区"字段进行分类汇总后，用户可以将其汇总结果快速复制到其他工作表中。下面将介绍具体的操作方法。

步骤 01 打开"汇总结果 .xlsx"素材文件，单击汇总表左上角的"2"按钮，将只显示汇总数据，如图 8-43 所示。

步骤 02 选择汇总数据，按【Alt+;】组合键选

中当前显示的单元格，如图 8-44 所示。

步骤 03 按【Ctrl+C】组合键进行复制，如图 8-45 所示。然后新建一个工作表，按【Ctrl+V】组合键进行粘贴即可，如图 8-46 所示。

	A	B	C	D	E	F	G
1	日期	销售员	负责地区	产品名称	销售数量	产品单价	销售金额
4			东城区 汇总				¥3734200
9			鼓楼区 汇总				¥3871600
14			九龙区 汇总				¥3601200
19			泉山区 汇总				¥4492400
24			新城区 汇总				¥5209500
29			云龙区 汇总				¥1360700
30			总计				¥22269600

图 8-43

	A	B	C	D	E	F	G
1	日期	销售员	负责地区	产品名称	销售数量	产品单价	销售金额
4			东城区 汇总				¥3734200
9			鼓楼区 汇总				¥3871600
14			九龙区 汇总				¥3601200
19			泉山区 汇总				¥4492400
24			新城区 汇总				¥5209500
29			云龙区 汇总				¥1360700
30			总计				¥22269600

图 8-44

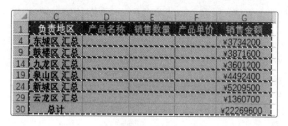

	A 负责地区	B 产品名称	C 销售数量	D 产品单价	E 销售金额
1					
2	东城区 汇总				¥3734200
3	鼓楼区 汇总				¥3871600
4	九龙区 汇总				¥3601200
5	泉山区 汇总				¥4492400
6	新城区 汇总				¥5209500
7	云龙区 汇总				¥1360700
8	总计				¥22269600
9					

图 8-45　　　　　　　　　　　　图 8-46

8.5　数据透视表

　　数据透视表是一种可以快速汇总大量数据的交互式表，用户使用它可以深入分析数值数据。下面将介绍如何创建数据透视表、修改字段名称、设置值汇总方式、使用切片器筛选数据等。

8.5.1　创建数据透视表

　　数据透视表的便捷之处在于，仅用简单的操作就可以实现全方位的分析。用户可以使用"数据透视表"功能创建数据透视表，如图 8-47 所示。

图 8-47

 [实操 8-14] 创建销售数据透视表

[实例资源] 第 8 章 \ 例 8-14

　　创建数据透视表的方法很简单，用户可以先创建空白数据透视表，然后在数据透视表中添加字段。下面将介绍具体的操作方法。

步骤 01 打开"数据源 .xlsx"素材文件，选择表格中的任意单元格，在"插入"选项卡中单击"数据透视表"按钮，如图 8-48 所示。

步骤 02 打开"创建数据透视表"对话框，保持各选项的默认设置，单击"确定"按钮，如图 8-49 所示。

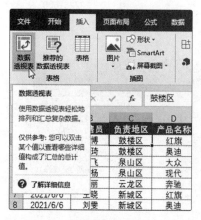

图 8-48

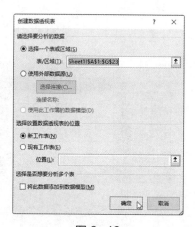

图 8-49

步骤 03 此时在新的工作表中创建了一个空白数据透视表，同时弹出了"数据透视表字段"窗格，如图 8-50 所示。

图 8-50

步骤 04 在"数据透视表字段"窗格中勾选需要的字段❶，如"负责地区""产品名称""销售

数量""销售金额"字段，被勾选的字段会自动出现在"数据透视表字段"的"行"区域❷和"值"区域❸，同时相应的字段也被添加到数据透视表中，如图 8-51 所示。

图 8-51

8.5.2 修改字段名称

当用户向"值"区域添加字段后，字段会被重命名，如"销售数量"❶变成了"求和项：销售数量"❷，如图 8-52 所示。

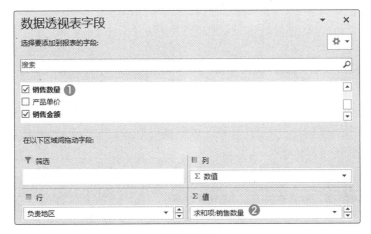

图 8-52

用户在"编辑栏"中修改字段名称，只需要选择数据透视表中的标题字段，如图 8-53 所示；然后在"编辑栏"中输入新标题"销量"，如图 8-54 所示。按【Enter】键确认即可。

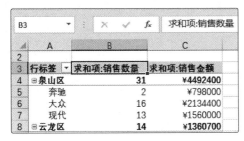

图 8-53

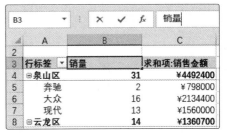

图 8-54

新手提示

使用上述方法修改后的新名称不能与原有字段名称重名，否则会弹出提示框，如图8-55所示。

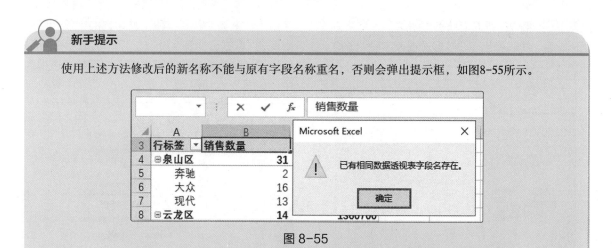

图 8-55

8.5.3 设置值汇总方式

数据透视表中的值字段都以求和汇总方式显示，用户可以使用"字段设置"功能设置值汇总方式。

[实操 8-15] 将求和汇总方式更改为最大值汇总方式

[实例资源] 第 8 章 \ 例 8-15

如果用户想要将"求和项：销售数量"求和汇总方式更改为最大值汇总方式，则可以按照以下方法进行操作。

步骤 01 打开"数据透视表 .xlsx"素材文件，将"销售数量"字段再次拖至"值"区域，增加一个新的字段"求和项：销售数量 2"，如图 8-56 所示。

步骤 02 选择"求和项：销售数量 2"字段标题，

在"分析"选项卡中单击"字段设置"按钮，如图 8-57 所示。

步骤 03 打开"值字段设置"对话框，在"值汇总方式"选项卡中选择"最大值"计算类型，单击"确定"按钮即可，如图 8-58 所示。

行标签	求和项:销售数量	求和项:销售数量2	求和项:销售金额
⊟泉山区	31	31	¥4492400
奔驰	2	2	¥798000
大众	16	16	¥2134400
现代	13	13	¥1560000
⊟云龙区	14	14	¥1360700
红旗	2	2	¥720000
奔驰	1	1	¥184800
大众	5	5	¥246500
现代	6	6	¥209400
⊟九龙区	19	19	¥3601200
奥迪	3	3	¥1028400
奔驰	4	4	¥1339200
福特	5	5	¥619000
现代	7	7	¥614600
⊟新城区	20	20	¥5209500
奥迪	3	3	¥810000
红旗	2	2	¥960000
福特	15	15	¥3439500
⊟鼓楼区	13	13	¥3871600

数据透视表字段

选择要添加到报表的字段：

搜索

☑ 产品名称
☑ 销售数量
☐ 产品单价

在以下区域间拖动字段：

▼ 筛选

▥ 列
Σ 数值

☰ 行
负责地区
产品名称

Σ 值
求和项:销售数量
求和项:销售数量2

图 8-56

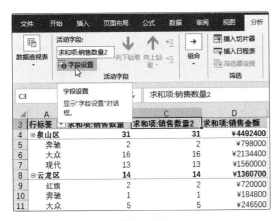

图 8-57

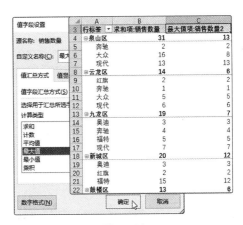

图 8-58

8.5.4 使用切片器筛选数据

Excel 中的切片器提供了一种可视性极强的筛选方法,用于筛选数据透视表中的数据。用户只需要在切片器中选择各选项,就可以进行筛选操作。

 [实操 8-16] 按"产品名称"字段进行筛选
[实例资源] 第 8 章\例 8-16

如果用户想要将"产品名称"为"奔驰"的销售数据筛选出来,则可以按照以下方法进行操作。

步骤 01 打开"数据透视表 .xlsx"素材文件,在"分析"选项卡中单击"插入切片器"按钮,如图 8-59 所示。

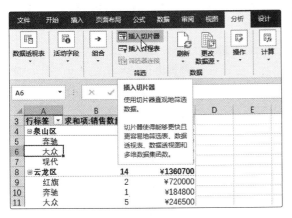

图 8-59

步骤 02 打开"插入切片器"对话框,勾选"产品名称"复选框,单击"确定"按钮,如图 8-60 所示。

步骤 03 在数据透视表中插入一个"产品名称"切片器,在切片器中选择"奔驰"选项,即可将"奔驰"的销售数据筛选出来,如图 8-61 所示。

图 8-60

图 8-61

 实战演练

制作课程销售数据透视图

微课视频

下面将通过制作课程销售数据透视图，温习和巩固前面所学知识，其具体操作步骤如下。

步骤 01 打开"数据源.xlsx"素材文件，选择表格中的任意单元格，在"插入"选项卡中单击"数据透视图"按钮，如图 8-62 所示。

图 8-62

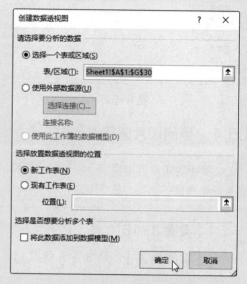

图 8-63

步骤 02 打开"创建数据透视图"对话框，保持各选项的默认设置，单击"确定"按钮，如图 8-63 所示。

步骤 03 创建一个空白数据透视表和一张空白数据透视图。在"数据透视图字段"窗格中勾选"实付款"和"支付方式"复选框，即可创建出数据透视表，并同时生成相应的数据透视图，如图 8-64 所示。

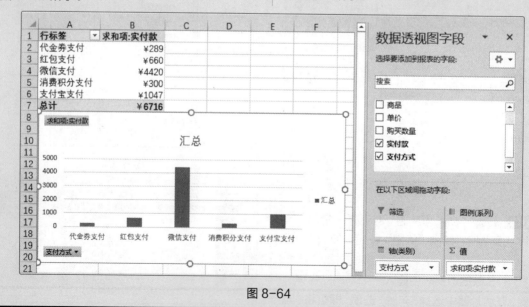

图 8-64

Q1：如何清除分级显示？

A： 在"数据"选项卡中单击"取消组合"下拉按钮，在下拉列表中选择"清除分级显示"选项，如图 8-65 所示。清除分级显示后的表格如图 8-66 所示。

图 8-65

	A	B	C	D	E	F
1	日期	销售员	负责地区	产品名称	销售数量	产品单价
2	2021/6/6	赵佳	东城区	奥迪	6	¥131400
3	2021/6/7	徐蚌	东城区	奔驰	11	¥267800
4			东城区 汇总			
5	2021/6/1	王博	鼓楼区	红旗	2	¥390000
6	2021/6/1	李琦	鼓楼区	奥迪	3	¥290000
7	2021/6/7	曹兴	鼓楼区	红旗	6	¥228500
8	2021/6/10	王学	鼓楼区	奥迪	2	¥425300
9			鼓楼区 汇总			
10	2021/6/7	陈毅	九龙区	福特	5	¥123800
11	2021/6/9	韩梅	九龙区	奥迪	3	¥342800
12	2021/6/9	李艳	九龙区	现代	7	¥87800
13	2021/6/11	刘云	九龙区	奔驰	4	¥334800
14			九龙区 汇总			
15	2021/6/1	杜飞	泉山区	大众	8	¥139900
16	2021/6/3	孙杨	泉山区	现代	13	¥120000
17	2021/6/7	李贺	泉山区	奔驰	2	¥399000
18	2021/6/11	岳鹏	泉山区	大众	8	¥126900

图 8-66

Q2：如何美化数据透视表？

A： 选择数据透视表中的任意单元格，在"设计"选项卡中单击"数据透视表样式"选项组的"其他"下拉按钮，如图 8-67 所示。在下拉列表中选择合适的样式，即可快速美化数据透视表，如图 8-68 所示。

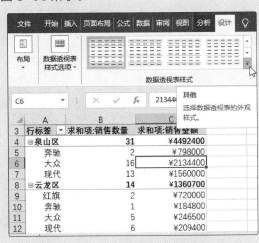

图 8-67

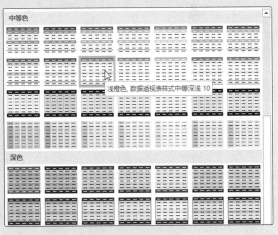

图 8-68

Q3：如何删除切片器？

A： 选择切片器，按【Delete】键，即可将切片器删除。

Q4：如何刷新数据透视表？

A： 选择数据透视表中的任意单元格，在"分析"选项卡中单击"刷新"按钮即可。

第 9 章

图表的创建与编辑

图表是数据的图形化展示，可以清晰地体现数据之间的各种对应关系和变化趋势，而且可以使枯燥、乏味的数据更加生动形象，有助于用户理解和记忆数据。本章将对图表的创建与编辑进行详细介绍。

9.1 认识图表

在 Excel 中用图表来展示数据会更有说服力。在创建图表之前，用户需要先了解图表的类型。下面将进行详细介绍。

9.1.1 图表类型

Excel 中提供了 14 种类型的图表，如柱形图、折线图、饼图、条形图、面积图、XY 散点图、股价图、曲面图、雷达图、树状图、旭日图、直方图、箱形图和瀑布图等，如图 9-1 所示。

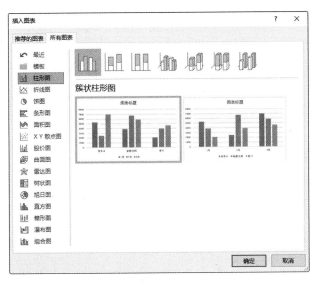

图 9-1

其中，使用频率较高的有柱形图、条形图、饼图和折线图。

柱形图常用于比较多个类别的数据。例如，将"纯净水""碳酸饮料""果汁"的 3 个月销量进行比较，如图 9-2 所示。

条形图更适用于比较多个类别的数值大小，常用于表现排行名次。例如，对婚纱销量进行对比，如图 9-3 所示。

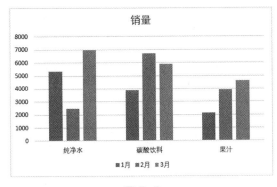

图 9-2

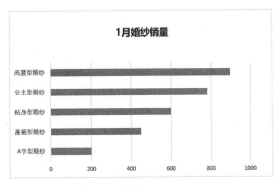

图 9-3

饼图常用于表达一组数据的占比关系。例如，使用饼图展示支付方式的占比情况，如图 9-4 所示。

折线图主要用于表现趋势，侧重于表现数据点的数值随时间推移的大小变化。例如，使用折线图展示某产品上半年的销量，如图 9-5 所示。

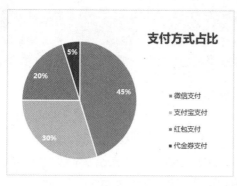

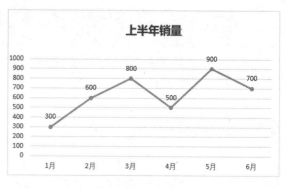

图 9-4   图 9-5

9.1.2　创建图表

创建图表基本上分为两步：先选中数据区域，然后插入图表。用户可以通过"插入图表"对话框或功能区创建图表。

1.　通过"插入图表"对话框创建图表

在"插入"选项卡中单击"推荐的图表"按钮，如图 9-6 所示。在打开的"插入图表"对话框中，用户可以选择插入推荐的图表，或插入其他类型的图表，如图 9-7 所示。

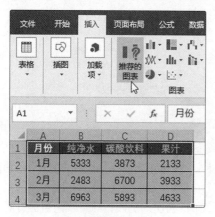

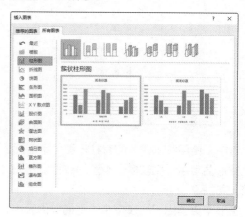

图 9-6   图 9-7

2.　通过功能区创建图表

在"插入"选项卡的"图表"选项组中，用户可以直接单击选择合适类型的图表，如图 9-8 所示。

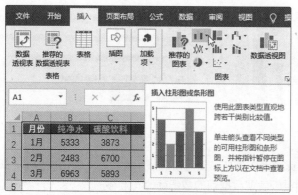

图 9-8

9.2 编辑图表

创建好图表后,用户可根据需要对图表进行编辑,如更改图表类型、添加图表元素、美化图表等。

9.2.1 更改图表类型

当创建的图表不符合要求时,可直接更换图表类型,无须重新创建图表。用户在"更改图表类型"对话框中选择新类型即可,如图9-9所示。

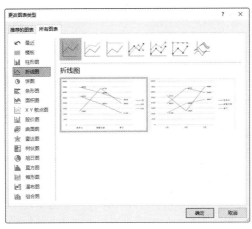

图 9-9

 [实操 9-1] 对图表类型进行更改

[实例资源] 第9章\例9-1

由于创建的饼图不太适合展示销量统计数据,因此需将其更改为柱形图。

步骤01 打开"商品销量图表.xlsx"素材文件,选中创建的饼图❶,在"图表工具-设计"选项卡中单击"更改图表类型"按钮❷,如图9-10所示。此时打开相应的对话框。

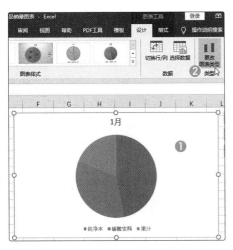

图 9-10

步骤02 选择"柱形图"类型,单击"确定"按钮,即可完成对图表类型的更改操作,如图9-11所示。

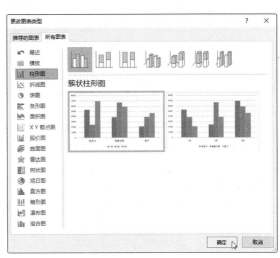

图 9-11

如果当前图表布局不够美观，则可以在"图表工具-设计"选项卡中单击"快速布局"下拉按钮，在下拉列表中选择所需合适的布局，对当前图表布局进行更改，如图9-12所示。

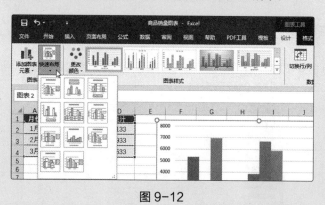

图 9-12

9.2.2 添加图表元素

图表中有些元素是默认显示的，而有些元素需要手动添加或设置。例如，为数据系列添加数据标签、为图表添加标题、设置图例位置、隐藏网格线等。用户可在"添加图表元素"下拉列表中进行相关设置，如图9-13所示。此外，单击图表右上角的"图表元素"按钮也可进行设置。

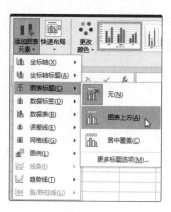

图 9-13

[实操 9-2] 设置图表元素
[实例资源] 第 9 章 \ 例 9-2

微课视频

下面将为创建的柱形图添加必要的图表元素，其具体操作如下。

步骤 01 打开"商品销量图表 .xlsx"素材文件，选中柱形图图表，单击该图表右上角的"图表元素"按钮①，在打开的列表中勾选"数据标签"复选框②，可为每组数据添加数据标签，如图 9-14 所示。

步骤 02 在"图表元素"列表中勾选"图表标

题"复选框，可为当前图表添加标题，如图 9-15 所示。

步骤 03 双击"图表标题"，进入编辑状态，输入标题内容并设置好标题格式，即可完成图表标题的添加，如图 9-16 所示。

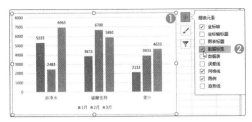

图 9-14

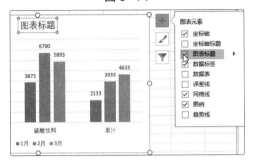

图 9-15

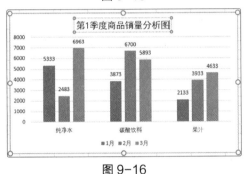

图 9-16

步骤04 在"图表元素"列表中单击"图例"选项右侧的按钮❶，在其级联菜单中选择"顶部"选项❷，可调整图例位置，如图 9-17 所示。

步骤05 在"图表元素"列表中取消勾选"网格线"复选框，可隐藏图表中的网格线，如图 9-18 所示。

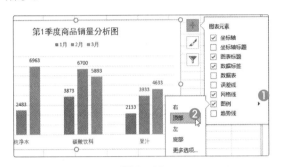

图 9-17

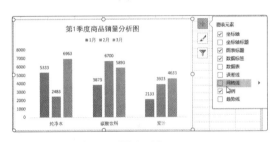

图 9-18

9.2.3 美化图表

默认创建的图表样式看起来不够美观，用户可以对图表进行一些必要的美化操作。Excel 内置了多种图表样式，在美化图表时可直接套用，如图 9-19 所示。

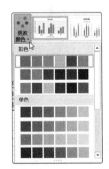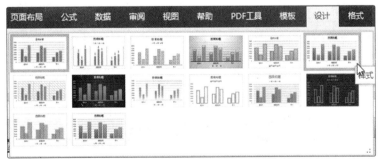

图 9-19

[**实操 9-3**]　为图表添加背景图

[**实例资源**]　第 9 章 \ 例 9-3

默认创建的图表过于单调，用户可为其添加背景图，从而增强图表的美观性。

步骤 01 打开"商品销量图表 .xlsx"素材文件，选中图表区域，单击鼠标右键，在弹出的快捷菜单中选择"设置图表区域格式"选项，打开相应的窗格，如图 9-20 所示。

充"单选按钮，并单击"插入"按钮，如图 9-21 所示。

图 9-21

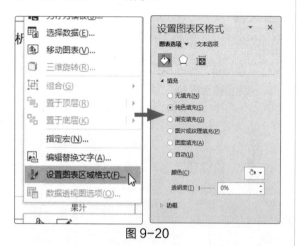

图 9-20

步骤 02 选中"填充"列表中的"图片或纹理填

步骤 03 在打开的"插入图片"对话框中，选择背景图片，单击"插入"按钮，即可将该图片填充至图表背景处，如图 9-22 所示。

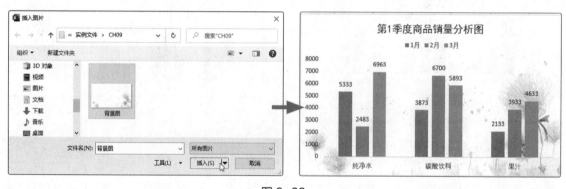

图 9-22

新手提示

图表分为图表区域和绘图区域两个部分。数据系列区域为绘图区域，其他区域为图表区域。在编辑图表时，用户一定要分清是对哪一个区域进行设置。

9.3 创建与编辑迷你图

迷你图是工作表单元格中的一个微型图表。它可以为数据表中的某一组数据创建图表，让用户对这一组数据的变化趋势一目了然。迷你图的类型包括"折线""柱形""盈亏"。

9.3.1 创建迷你图

创建迷你图的方法很简单，用户只需在"创建迷你图"对话框中进行设置即可，如图 9-23 所示。

图 9-23

 [实操 9-4] 创建单个迷你图

[实例资源] 第 9 章 \ 例 9-4

微课视频

下面将以"上半年水果销量统计 .xlsx"素材文件为例,为其中的"苹果"数据添加迷你图。

步骤 01 打开"上半年水果销量统计 .xlsx"素材文件,选择 H2 单元格,在"插入"选项卡的"迷你图"选项组中单击"柱形"按钮,如图 9-24 所示。

图 9-24

步骤 02 打开"创建迷你图"对话框,在该对话框中单击"数据范围"文本框右侧的按钮❶,在数据表中选择 A2:G2 单元格区域❷,此时在"数据范围"文本框中会显示选中的数据区域,如图 9-25 所示。

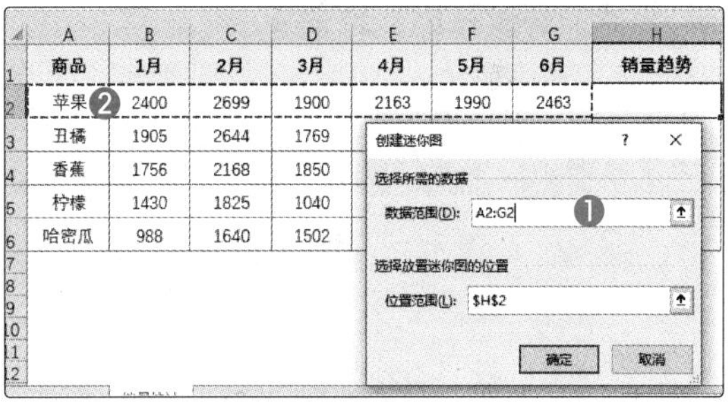

	A	B	C	D	E	F	G	H
1	商品	1月	2月	3月	4月	5月	6月	销量趋势
2	苹果 ❷	2400	2699	1900	2163	1990	2463	
3	丑橘	1905	2644	1769				
4	香蕉	1756	2168	1850				
5	柠檬	1430	1825	1040				
6	哈密瓜	988	1640	1502				

图 9-25

步骤 03 单击"确定"按钮即可完成该组数据迷你图的创建操作,如图 9-26 所示。

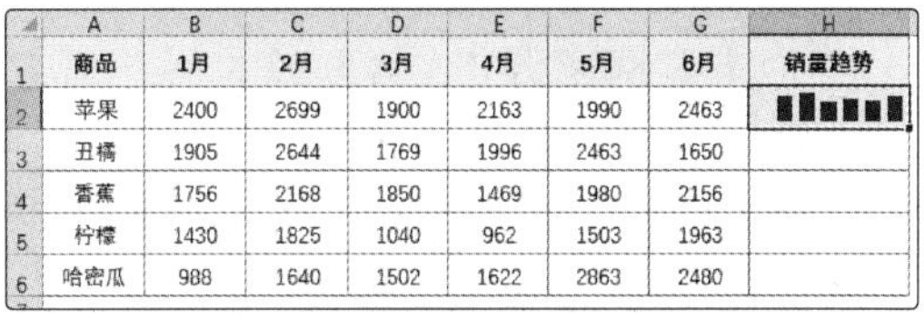

	A	B	C	D	E	F	G	H
1	商品	1月	2月	3月	4月	5月	6月	销量趋势
2	苹果	2400	2699	1900	2163	1990	2463	▮▮▮▮▮▮
3	丑橘	1905	2644	1769	1996	2463	1650	
4	香蕉	1756	2168	1850	1469	1980	2156	
5	柠檬	1430	1825	1040	962	1503	1963	
6	哈密瓜	988	1640	1502	1622	2863	2480	

图 9-26

以上是创建单个迷你图的方法,如果用户想要创建一组迷你图,可使用以下方法进行操作。

 [实操 9-5] 创建一组迷你图

[实例资源] 第 9 章 \ 例 9-5

微课视频

同样以"上半年水果销量统计 .xlsx"素材文件为例,创建所有水果销量的迷你图。

步骤 01 打开"上半年水果销量统计 .xlsx"素材文件,选中 H2:H6 单元格区域,如图 9-27 所示。

步骤 02 在"插入"选项卡的"迷你图"选项组中单击"折线"按钮,在打开的"创建迷你图"对话框中,将"数据范围"设置为"A2:G6"单元格区域,如图 9-28 所示。

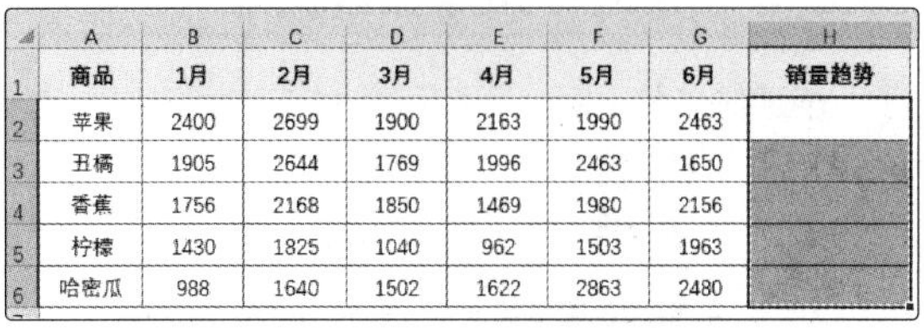

	A	B	C	D	E	F	G	H
1	商品	1月	2月	3月	4月	5月	6月	销量趋势
2	苹果	2400	2699	1900	2163	1990	2463	
3	丑橘	1905	2644	1769	1996	2463	1650	
4	香蕉	1756	2168	1850	1469	1980	2156	
5	柠檬	1430	1825	1040	962	1503	1963	
6	哈密瓜	988	1640	1502	1622	2863	2480	

图 9-27

图 9-28

步骤 03 设置好后，展开对话框，单击"确定"

按钮，即可完成一组迷你图的创建操作，如图 9-29 所示。

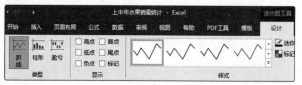

图 9-29

应用秘技

　　在创建单个迷你图后，将该单元格的填充柄向下拖曳至末尾单元格，也可以完成一组迷你图的创建。

9.3.2　更改迷你图类型

　　与图表一样，用户也可根据需要更改迷你图类型。在"迷你图工具 - 设计"选项卡的"类型"选项组中选择要更改的迷你图类型即可，如图 9-30 所示。

图 9-30

　　[实操 9-6]　更改迷你图类型
　　[实例资源]　第 9 章 \ 例 9-6

　　下面将对一组折线迷你图的类型进行更改。

　　用户可打开"上半年水果销量统计 .xlsx"素材文件，选中折线迷你图，在"迷你图工具 - 设计"选项卡中单击"柱形"按钮，此时被选中的折线迷你图将更改为柱形迷你图，如图 9-31 所示。

图 9-31

9.3.3　为迷你图添加数据点

　　创建好迷你图后，用户可以对迷你图进行一些设置，如添加迷你图的高点、低点、首点和尾点等数据点。

　　[实操 9-7]　为迷你图添加数据点
　　[实例资源]　第 9 章 \ 例 9-7

下面将为折线迷你图添加高点、低点数据点。

用户可打开“上半年水果销量统计 .xlsx”素材文件，选中折线迷你图，在“迷你图工具 - 设计”选项卡的“显示”选项组中勾选“高点”和“低点”复选框，此时被选中的折线迷你图中添加了相应的数据点，如图 9-32 所示。

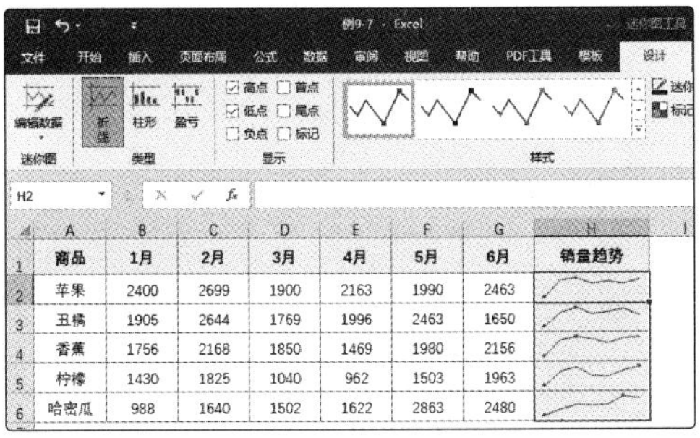

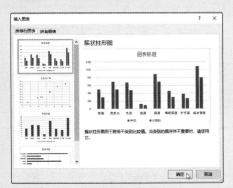

图 9-32

应用秘技

用户如果需要更改迷你图的数据源，则可选中迷你图，在“迷你图工具-设计”选项卡中单击“编辑数据”按钮，在打开的对话框中根据需要重新定位数据源。如果想要清除多余的迷你图，可先选中迷你图，在“迷你图工具-设计”选项卡中单击“清除”下拉按钮，在下拉列表中根据需要选择“清除所选的迷你图”或“清除所选的迷你图组”选项。

实战演练

创建网店销量分析图表

微课视频

为了使用户能够更加直观地查看不同客户端上产品的成交量，下面将根据产品销量统计数据来创建图表。

步骤 01 打开“网店销量统计表 .xlsx”素材文件，选择表格数据，在“插入”选项卡中单击“推荐的图表”按钮，打开“插入图表”对话框，在其中选择“簇状柱形图”图表，然后单击“确定”按钮，如图 9-33 所示。

图 9-33

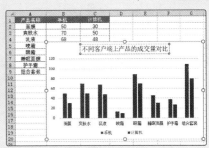

步骤 02 此时在工作表中会显示创建的图表，双击“图表标题”，输入标题内容，如图 9-34 所示。

步骤 03 选中输入的标题内容，对其格式进行设置，效果如图 9-35 所示。

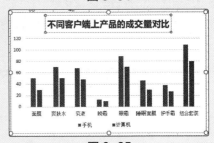

步骤 04 选中横坐标内容及图例内容，将其字体更改为“微软雅黑”，其他保持不变，如图 9-36 所示。

图 9-34

图 9-35

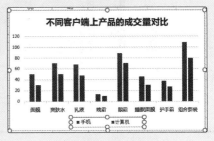

图 9-36

步骤 05 选中图表，在"图表工具 – 设计"选项卡中单击"更改颜色"下拉按钮，在下拉列表中选择一种颜色，为当前图表更改颜色，如图 9-37 所示。

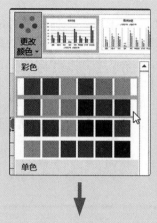

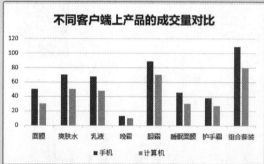

图 9-37

步骤 06 在绘图区域单击鼠标右键，在弹出的快捷菜单中选择"设置绘图区格式"选项，打开相应的窗格，选中"纯色填充"单选按钮，并

选择一种颜色，如图 9-38 所示。

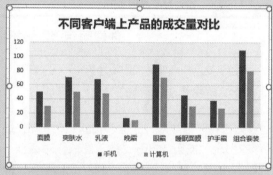

图 9-38

步骤 07 单击图表右侧的"图表元素"按钮，勾选"数据标签"复选框，为图表添加数据标签。此外，将图例放置在图表"顶部"，如图 9-39 所示。至此，网店销量分析图表创建完成。

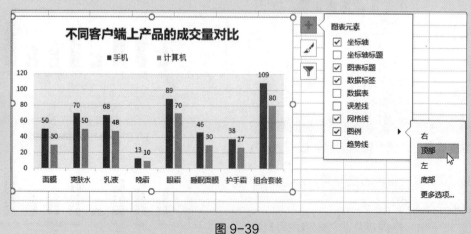

图 9-39

疑难解答

Q1：如果想要在图表中添加一组数据，该怎么操作？

A： 选中图表，在"图表工具 – 设计"选项卡中单击"选择数据"按钮，在打开的"选择数据源"对话框中单击"图表数据区域"右侧的按钮，在表格中选择要添加的数据，展开对话框，单击"确定"按钮即可，如图 9-40 所示。

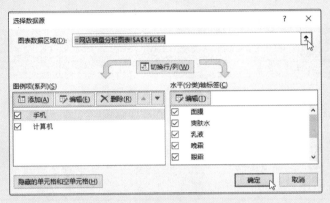

图 9-40

Q2：每个数据系列的间距如何设置？

A： 选择任意数据系列，单击鼠标右键，在弹出的快捷菜单中选择"设置数据系列格式"选项，在打开的窗格中调整"系列选项"列表中的"系列重叠"参数值即可，如图 9-41 所示。

图 9-41

 新手提示

在该列表中调整"间隙宽度"参数值就是调整数据系列的宽窄程度。其数值越大，数据系列就越窄；数值越小，数据系列就越宽。

Q3：如果想为图表添加背景，该怎么操作？

A： 在图表上单击鼠标右键，在弹出的快捷菜单中选择"设置图表区域格式"选项，在打开的窗格中单击"填充"折叠按钮，在其列表中选中"图片或纹理填充"单选按钮，并单击"插入"按钮，在"插入图片"对话框中选择背景图，单击"插入"按钮即可。

第 10 章

报表的打印与输出

　　打印报表看似是一份轻松的工作，只需单击打印按钮即可。其实不然，如果要让报表按照既定的要求打印出来，用户需要掌握一些打印技巧。本章将介绍打印 Excel 报表的一些基本操作和技巧，包括报表打印前的设置、报表打印的技巧、报表的输出等。

10.1 报表打印前的设置

通常在打印 Excel 报表前，需要先对报表页面进行一些必要的设置，如设置页面大小与方向、设置页面边距、设置页眉页脚等。

10.1.1 设置页面大小与方向

默认情况下，页面纸张大小为 A4，方向为纵向。若用户需要对这些参数进行调整，则可通过"纸张方向"和"纸张大小"功能完成，如图 10-1 所示。

图 10-1

 [实操 10-1] 调整纸张方向

[实例资源] 第 10 章 \ 例 10-1

下面将以"各类小家电销售统计 .xslx"素材文件为例，介绍将其纸张方向调整为横向的具体操作。

步骤 01 打开"各类小家电销售统计 .xlsx"素材文件，在"页面布局"选项卡中单击"纸张方向"下拉按钮，在打开的下拉列表中选择"横向"选项，如图 10-2 所示。

图 10-2

步骤 02 设置完成后，页面纸张已调整为横向显示，如图 10-3 所示。

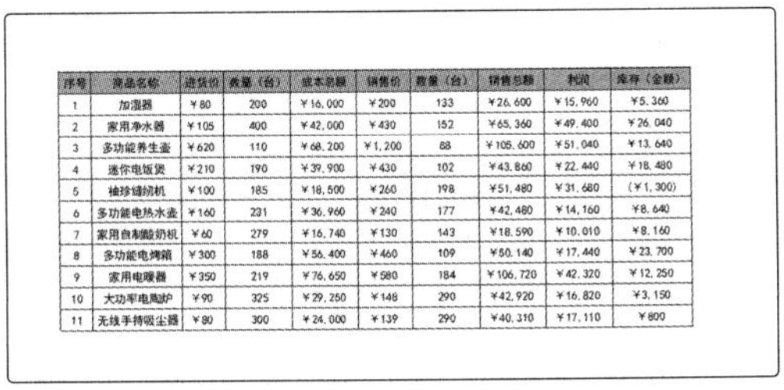

图 10-3

如需对页面纸张大小进行调整，只需单击"纸张大小"下拉按钮，在下拉列表中选择所需尺寸即可，如图 10-4 所示。

图 10-4

应用秘技

单击"页面布局"选项卡中"页面设置"选项组的对话框启动器按钮，可打开"页面设置"对话框，用户在该对话框中也可对纸张大小及方向进行调整，如图 10-5 所示。

图 10-5

10.1.2 设置页面边距

微课视频

页面边距是指 Excel 表格与纸张边缘的距离，通常分为上、下、左、右这 4 个边距。如果用户需要对这些边距进行调整，可通过"页面设置"对话框中的"页边距"选项卡来完成，如图 10-6 所示。

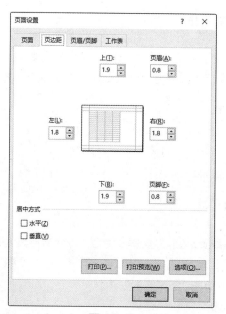

图 10-6

应用秘技

除以上方法外，用户还可以手动调整页面边距。打开 Excel "打印"界面，在预览窗口右下角单击 "显示边距"按钮，此时预览窗口中会显示出所有可调整的边距线，如图 10-7 所示。选中需调整的边距线，将其拖曳至满意位置，即可完成该边距的调整操作，如图 10-8 所示。

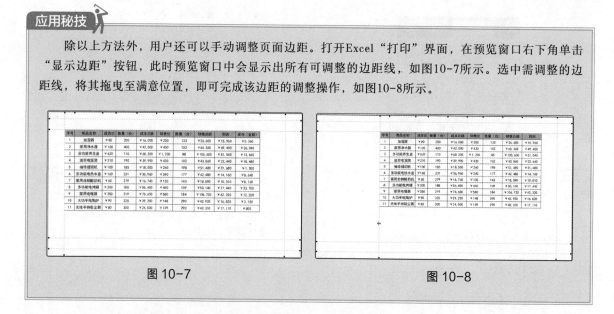

图 10-7   图 10-8

10.1.3 设置页眉页脚

如果用户想要在表格中添加公司信息，则可将其放至页眉或页脚中。Excel 的页眉页脚中不仅可以添加文字信息，还可以添加各类图片、图标等内容。用户可以在"页面设置"对话框的"页眉/页脚"选项卡中进行设置，如图 10-9 所示。

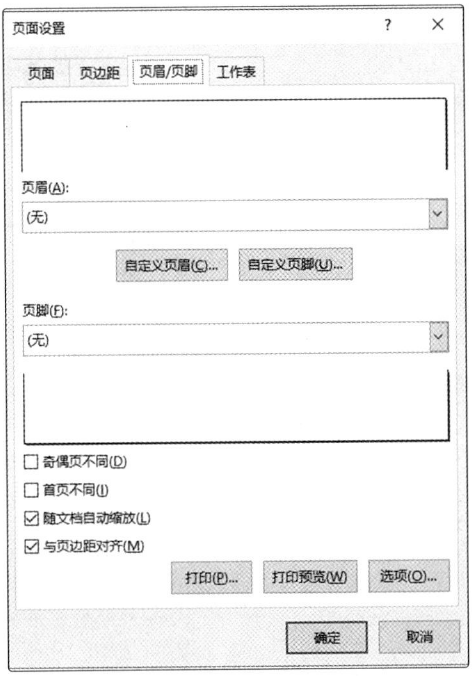

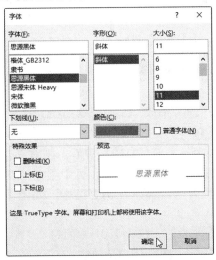

图 10-9

[实操 10-2] 为报表添加页眉页脚

[实例资源] 第 10 章 \ 例 10-2

微课视频

下面将为"各类小家电销售统计 .xlsx"素材文件添加公司信息及页码。

步骤 01 打开"各类小家电销售统计 .xlsx"素材文件,在"页面设置"对话框中选择"页眉 / 页脚"选项卡,单击"自定义页眉"按钮,打开"页眉"对话框,在"左部"文本框中输入信息内容,如图 10-10 所示。

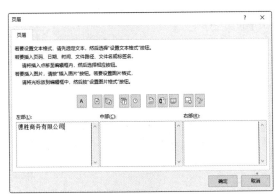

图 10-10

步骤 02 单击"格式文本"按钮,在打开的"字体"对话框中可以对当前输入信息的格式进行设置,单击"确定"按钮,如图 10-11 所示。

图 10-11

步骤 03 返回"页面设置"对话框,单击"页脚"下拉按钮,在其下拉列表中选择页码样式,如图 10-12 所示。

步骤 04 单击"打印预览"按钮,即可查看设置的效果,如图 10-13 所示。

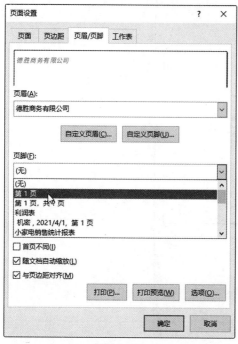

图 10-12

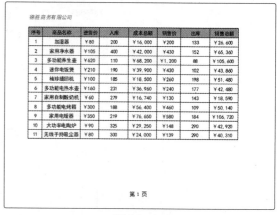

图 10-13

应用秘技

通常表格会以左对齐的方式显示，如果用户想将其居中显示，可在"页面设置"对话框的"页边距"选项卡中勾选"水平"和"垂直"复选框。

10.1.4 设置页面缩放

有时报表内容过多，无法在一页中全部显示，系统会将多余的内容安排在第 2 页显示，这样就破坏了报表的完整性。用户如果遇到这样的报表，该如何进行打印呢？方法很简单，利用页面缩放功能将其缩小在一页中即可。

 [实操 10-3] 将报表缩放打印

[实例资源] 第 10 章 \ 例 10-3

微课视频

下面将以缩放"各类小家电销售统计 .xlsx"素材文件为例，介绍设置页面缩放的具体操作。

步骤 01 打开"各类小家电销售统计 .xlsx"素材文件，打开"打印"界面，在预览窗口中可以发现当前报表在第 1 页中显示不完整，剩余两列内容显示在第 2 页中，如图 10-14 所示。

步骤 02 此时，在"打印"界面的"设置"区域中单击"无缩放"下拉按钮❶，在下拉列表中选择"将所有列调整为一页"选项❷，如图 10-15 所示。

步骤 03 选择好后，系统将自动缩减报表比例，使报表内容在一页中全部显示，如图 10-16 所示。

图 10-14

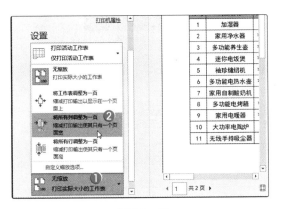

图 10-15

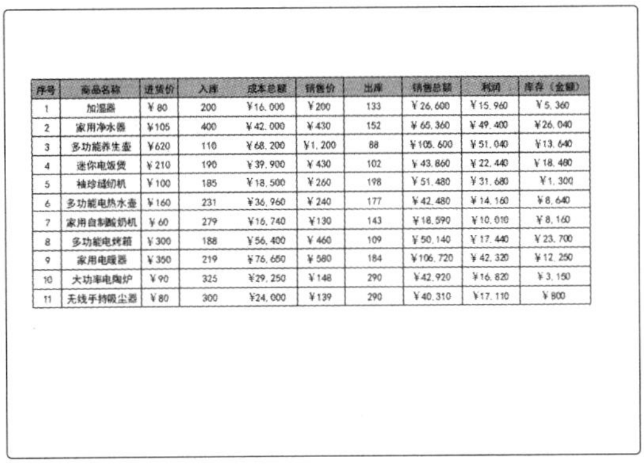

图 10-16

10.1.5 预览与打印

打印页面设置完成后，就可以进行打印操作了。在“打印”界面中单击“打印机”下拉按钮，在下拉列表中选择打印机型号❶，设置打印份数❷，单击“打印”按钮❸即可，如图 10-17 所示。

序号	商品名称	进货价	入库	成本总额	销售价	出库	销售总额	利润	库存（金额）
1	加湿器	¥80	200	¥16,000	¥200	133	¥26,600	¥15,960	¥5,360
2	家用净水器	¥105	400	¥42,000	¥430	152	¥65,360	¥49,400	¥26,040
3	多功能养生壶	¥620	110	¥68,200	¥1,200	88	¥105,600	¥51,040	¥13,640
4	迷你电饭煲	¥210	190	¥39,900	¥430	102	¥43,860	¥22,440	¥18,480
5	袖珍缝纫机	¥100	185	¥18,500	¥260	198	¥51,480	¥31,680	¥1,300
6	多功能电热水壶	¥160	231	¥36,960	¥240	177	¥42,480	¥14,160	¥8,640
7	家用自制酸奶机	¥60	279	¥16,740	¥130	143	¥18,590	¥10,010	¥8,160
8	多功能电烤箱	¥300	188	¥56,400	¥460	109	¥50,140	¥17,440	¥23,700
9	家用电暖器	¥350	219	¥76,650	¥580	184	¥106,720	¥42,320	¥12,250
10	大功率电陶炉	¥90	325	¥29,250	¥148	290	¥42,920	¥16,820	¥3,150
11	无线手持吸尘器	¥80	300	¥24,000	¥139	290	¥40,310	¥17,110	¥800

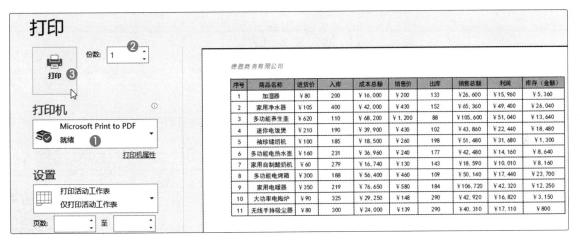

图 10-17

10.2 报表打印的技巧

在了解了打印的基本设置的具体操作后，接下来将介绍几个打印小技巧，以帮助用户快速打印出符合要求的报表。

10.2.1 打印表格指定区域

微课视频

如果只想打印表格中指定的数据范围，那么用户可利用“打印区域”功能来实现。先选中要打印的数据范围，在“页面布局”选项卡中单击“打印区域”下拉按钮，在下拉列表中选择“设置打印区域”选项即可，如图 10-18 所示。

在“打印区域”下拉列表中选择“取消打印区域”选项，可取消设置的打印范围。

图 10-18

应用秘技

　　默认情况下，Excel只打印当前活动的工作表。当一个工作簿中含有多张工作表时，用户可以设置打印整个工作簿。在"打印"界面中单击"打印活动工作表"下拉按钮，在下拉列表中选择"打印整个工作簿"选项即可，如图10-19所示。

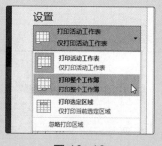

图 10-19

10.2.2　重复打印标题行

微课视频

　　当数据表长达两页（或更多页）时，打印过程中往往只会在第1页中显示标题行。为了方便查看数据，用户可以为每一页都添加标题行。在"页面布局"选项卡中单击"打印标题"按钮，如图 10-20 所示。在打开的"页面设置"对话框的"工作表"选项卡中单击"顶端标题行"右侧的按钮，在表格中选择标题行，单击"确定"按钮即可，如图 10-21 所示。

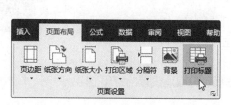

图 10-20

图 10-21

10.2.3 不打印图表

当报表中包含图表时，图表会一起被打印。如果只想打印数据表，而不打印图表，可在图表上单击鼠标右键，在弹出的快捷菜单中选择"设置图表区域格式"选项，如图 10-22 所示。在打开的窗格中单击"大小与属性"按钮，展开"属性"列表，取消勾选"打印对象"复选框即可，如图 10-23 所示。

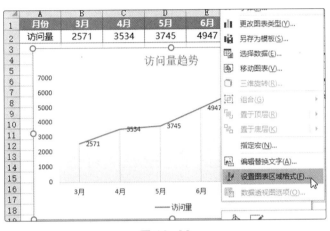

图 10-22

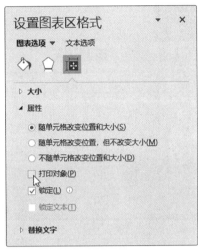

图 10-23

10.3 报表的输出

以上讲解的是打印报表的具体操作。在日常工作中经常需要将报表输出成其他格式的文件，以方便其他人查阅。下面将介绍输出报表的基本操作。

10.3.1 将报表导出为 PDF 文件

PDF 是目前使用率比较高的一种电子文件格式。它可以展现出报表的原始模样，不会因为文件格式转变而改变报表样式。

 [实操 10-4] 将报表导出为 PDF 文件
[实例资源] 第 10 章 \ 例 10-4

微课视频

下面将以"各类小家电销售统计 .xlsx"素材文件为例，介绍将报表导出为 PDF 文件的具体操作。

步骤 01 打开"各类小家电销售统计 .xlsx"素材文件，将"纸张方向"调整为"横向"。打开"文件"菜单，选择"导出"选项，打开"导出"界面，单击"创建 PDF/XPS"按钮，如图 10-24 所示。

步骤 02 打开"发布为 PDF 或 XPS"对话框，设置保存路径，单击"选项"按钮❶，打开"选

项"对话框，用户在此对话框中可以选择发布内容的范围❷，这里保持默认设置，如图 10-25 所示。

步骤 03 单击"确定"按钮返回上一对话框，单击"发布"按钮，如图 10-26 所示。稍等片刻，系统会自动打开导出的 PDF 文件，如图 10-27 所示。

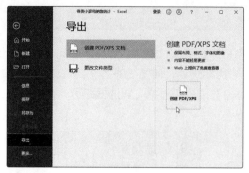

图 10-24

图 10-26

图 10-25

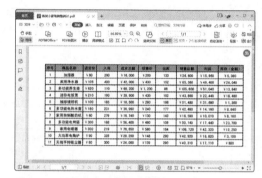

图 10-27

10.3.2 将报表另存为网页文件

HTML 是超文本标记语言，也是目前网络应用较广泛的语言之一。将报表转换成 HTML 格式文件发布至企业内网上，其他人通过网页浏览器就能够查看报表内容。

[实操 10-5] 将报表另存为 HTML 文件

[实例资源] 第 10 章 \ 例 10-5

下面同样以"各类小家电销售统计 .xlsx"素材文件为例，介绍将报表另存为 HTML 文件的具体操作。

打开"各类小家电销售统计 .xlsx"素材文件，在"文件"菜单中选择"另存为"选项，打开"另存为"对话框，设置保存路径，将"保存类型"设置为"网页"❶，单击"保存"按钮❷，在打开的提示框中单击"是"按钮❸，如图 10-28 所示。设置完成后即可查看保存的效果，如图 10-29 所示。

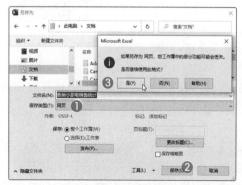

图 10-28

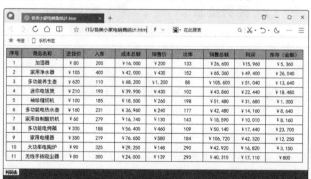

图 10-29

输出员工入职登记表

下面将以"员工入职登记表 .xlsx"素材文件为例，温习与巩固本章所学知识，其具体操作步骤如下。

步骤 01 打开"员工入职登记表 .xlsx"素材文件，打开"页面设置"对话框，切换到"页边距"选项卡，勾选"水平"复选框，将表格水平对齐，如图 10-30 所示。

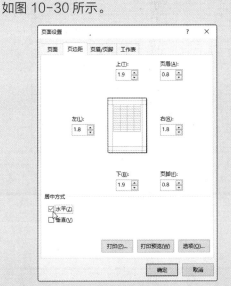

图 10-30

步骤 02 切换到"页眉 / 页脚"选项卡，单击"页眉"下拉按钮，在打开的下拉列表中选择"员工入职登记表"选项，为其添加页眉内容，如图 10-31 所示。

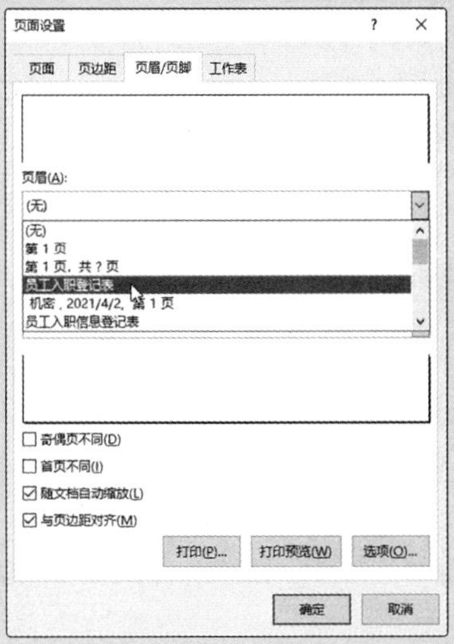

图 10-31

步骤 03 单击"自定义页脚"按钮，在"页脚"对话框中将光标定位至"中部"文本框中，单击"插入日期"按钮插入当前日期，如图 10-32 所示。

图 10-32

步骤 04 单击"确定"按钮，返回上一对话框。切换到"工作表"选项卡，单击"顶端标题行"右侧的按钮❶，在表格中选取表格标题行❷，如图 10-33 所示。

图 10-33

步骤 05 单击"打印预览"按钮，即可预览设置的效果，如图 10-34 所示。

步骤 06 在"文件"菜单中选择"导出"选项，在"导出"界面中单击"创建 PDF/XPS 文档"按钮，在打开的对话框中，设置保存路径，单击"发布"按钮，即可将该表格输出为 PDF 文件，效果如图 10-35 所示。

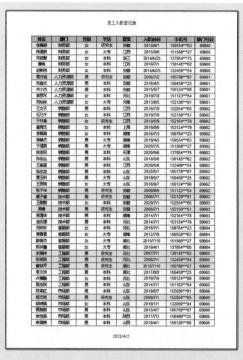

图 10-34	图 10-35

疑难解答

Q：如果想要对表格进行分页打印，该如何设置？

A： 先在表格中选择要分页的数据行，在"页面布局"选项卡中单击"分隔符"下拉按钮，在下拉列表中选择"插入分页符"选项，此时会在被选数据行上方显示分页线，该分页线下方的所有数据都会被安排在第 2 页中显示，如图 10-36 所示。

图 10-36

第 11 章

幻灯片的创建与编辑

　　PowerPoint 是职场中比较常用的办公软件，用户利用它可以制作出各类演示文稿，如年终总结、项目策划方案、企业宣传方案、产品推广方案、教学课件等。本章将介绍幻灯片的基本创建与编辑操作，包括文本的输入、图片图形的插入、音视频文件的插入、SmartArt 图形的创建等。

11.1 演示文稿的创建与保存

演示文稿是利用PowerPoint（缩写为PPT）软件制作的文件，它的后缀名为".ppt"或".pptx"。下面将简单地介绍如何创建和保存演示文稿。

11.1.1 创建主题演示文稿

PowerPoint 软件内置了多个主题模板，用户可以利用这些模板来创建幻灯片，从而提高制作效率。在"新建"界面的"Office"列表中选择所需主题模板，或选择相应的关键字即可，如图 11-1 所示。

图 11-1

应用秘技

主题是使用一组颜色、字体和效果来创建的幻灯片整体外观。PowerPoint包含大量的主题模板，用户可以根据幻灯片的内容及风格来选择主题。此外，用户还可以自定义主题模板，选定一款主题后，在"设计"选项卡的"变体"选项组中单击"其他"下拉按钮，在打开的下拉列表中可以更改其"颜色""字体""效果""背景样式"。

［实操 11-1］ 创建"木材纹理 .pptx"主题演示文稿

［实例资源］ 第 11 章 \ 例 11-1

下面将以创建"木材纹理 .pptx"主题演示文稿为例，来介绍具体操作。

步骤01 打开"木材纹理.pptx"素材文件,在"新建"界面中选择"木材纹理"主题,如图 11-2 所示。

图 11-2

步骤02 在打开的界面中,用户可以选择不同的主题颜色❶,然后单击"创建"按钮❷,如图 11-3 所示。

图 11-3

步骤03 创建的主题效果如图 11-4 所示。

图 11-4

应用秘技

用户新建空白演示文稿后,也可以添加主题。在"设计"选项卡的"主题"选项组❶中选择一种主题❷,即可将其应用至当前的演示文稿中❸,如图11-5所示。

图 11-5

11.1.2 | 将演示文稿另存为早期版本

通常高版本的 PowerPoint 可以打开低版本的演示文稿,相反,低版本的 PowerPoint 是无法打开高版本的演示文稿的。如果要在低版本的 PowerPoint 中打开高版本的演示文稿,那么在使用高版本的 PowerPoint 操作时,需要将演示文稿保存为兼容模式。

[实操 11-2] 将演示文稿保存为低版本兼容模式

[实例资源] 第 11 章 \ 例 11-2

下面将以保存"PowerPoint 97-2003 演示文稿"版本的演示文稿为例,来介绍具体操作。

步骤01 打开"例 11-2.pptx"素材文件,在"文件"菜单中选择"另存为"选项❶,打开"另存为"界面,单击"浏览"按钮❷,如图 11-6 所示。

步骤02 打开"另存为"对话框,单击"保存类型"下拉按钮,选择"PowerPoint 97-2003 演示文稿"选项❶,单击"保存"按钮❷,如图 11-7 所示。

步骤03 保存后的演示文稿,其标题栏中会显示"兼容模式"字样,则表示该演示文稿可用低版本的 PowerPoint 打开，如图 11-8 所示。

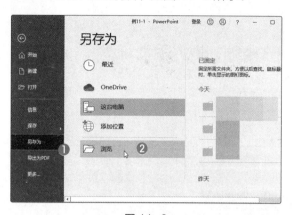

图 11-6

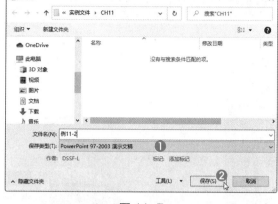

图 11-7

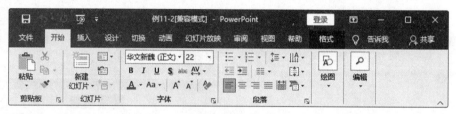

图 11-8

11.2 幻灯片的基本操作

　　一份演示文稿中可以包含多张幻灯片。在制作时，绝大部分操作都是在幻灯片中进行的，如新建幻灯片、删除幻灯片、移动幻灯片、复制幻灯片、隐藏幻灯片、设置幻灯片大小等。下面将分别对这些基本操作进行讲解。

11.2.1 幻灯片新建与删除

微课视频

　　如果当前幻灯片数量不能满足用户需求，则可以新建幻灯片。而对多余的幻灯片，用户可以将其删除。

1. 新建幻灯片

　　在 PowerPoint 中新建幻灯片的方法有很多，常用的大致有以下 3 种。

　　方法一：利用"新建幻灯片"按钮新建。在"开始"选项卡中单击"新建幻灯片"下拉按钮❶，在打开的下拉列表中选择所需幻灯片版式❷，即可完成新建操作，如图 11-9 所示。用该方法可创建不同版式的幻灯片。

　　方法二：利用【Enter】键新建。选中某一张幻灯片，按【Enter】键即可在被选中的幻灯片下方新建一张幻灯片，如图 11-10 所示。用该方法创建的幻灯片的版式为系统默认版式。

　　方法三：利用鼠标右键新建。在幻灯片❶上单击鼠标右键，在弹出的快捷菜单中选择"新建幻灯片"选项❷即可，如图 11-11 所示。用该方法创建的幻灯片的版式为系统默认版式。

2. 删除幻灯片

　　想要删除幻灯片，只需将其选中，按【Delete】键即可。当然用户还可以在需要删除的幻灯片上单击鼠标右键，在弹出的快捷菜单中选择"删除幻灯片"选项删除幻灯片。

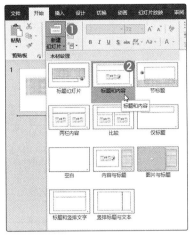
图 11-9

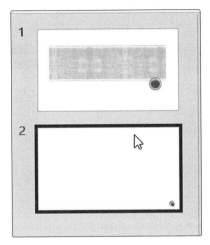
图 11-10

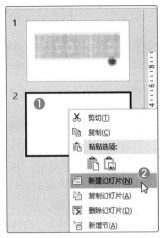
图 11-11

11.2.2 幻灯片移动与复制

在制作过程中，如果需要对幻灯片的前后顺序进行调整，则可对幻灯片进行移动或复制操作。

1. 移动幻灯片

选择需要移动的幻灯片，按住鼠标左键不放，将其移至目标位置，释放鼠标即可完成移动操作。

2. 复制幻灯片

如果想要复制幻灯片，则可选择需要复制的幻灯片，按【Ctrl+C】组合键复制，然后在目标位置按【Ctrl+V】组合键粘贴。此外，用户还可以使用【Ctrl+D】组合键复制幻灯片。选择幻灯片，按【Ctrl+D】组合键，此时会在其下方复制一张相同版式的幻灯片。

11.2.3 幻灯片隐藏与显示

如果想让某张幻灯片在放映时不显示，则可对该幻灯片进行隐藏操作。选中需要隐藏的幻灯片❶，单击鼠标右键，在弹出的快捷菜单中选择"隐藏幻灯片"选项❷，如图 11-12 所示。此时，被选中的幻灯片编号上会显示"\"符号，表明该幻灯片已被隐藏，如图 11-13 所示。

图 11-12

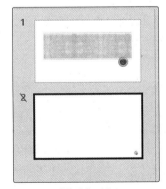
图 11-13

再次在该幻灯片上单击鼠标右键，在弹出的快捷菜单中再次选择"隐藏幻灯片"选项，即可恢复幻灯片的显示状态。

11.2.4 设置幻灯片大小

PowerPoint 默认的幻灯片大小为"宽屏（16：9）"显示，该尺寸适合目前大多数计算机显示屏的尺寸。如果用户想要其他幻灯片尺寸，则可以自定义幻灯片大小，如图 11-14 所示。

在"幻灯片大小"对话框中单击"幻灯片大小"下拉按钮，可选择幻灯片内置尺寸，如 A3、A4、横幅等；在"宽度"和"高度"数值框中，用户可自定义幻灯片大小；在"方向"选项组中，用户可对"幻灯片"及"备注、讲义和大纲"的显示方向进行设置。

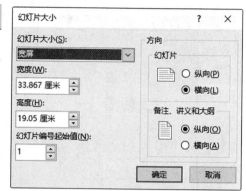

图 11-14

 [实操 11-3] 设置幻灯片大小适应手机端
[实例资源] 第 11 章 \ 例 11-3

如果需要在手机上将幻灯片放映给其他人观看，则可先将幻灯片尺寸设置成与手机屏幕相同的大小。

步骤 01 打开"例 11-3.pptx"素材文件，在"设计"选项卡中单击"幻灯片大小"下拉按钮❶，在下拉列表中选择"自定义幻灯片大小"选项❷，如图 11-15 所示。

图 11-15

步骤 02 在打开的"幻灯片大小"对话框中，将"宽度"设置为"7.2 厘米"❶，将"高度"设置为"12.8厘米"❷，单击"确定"按钮❸，如图 11-16 所示。

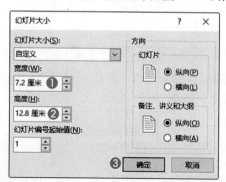

图 11-16

步骤 03 在打开的提示框中单击"确保合适"按钮，如图 11-17 所示。

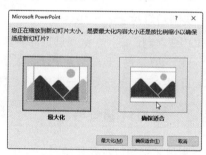

图 11-17

步骤 04 设置完成后，当前幻灯片大小发生了相应的变化，如图 11-18 所示。

图 11-18

新手提示

用户应尽量在制作幻灯片内容之前调整好幻灯片的尺寸，否则，制作好的内容会随着页面尺寸的变化而发生变形。

一般情况下，用户只需在"幻灯片大小"下拉列表中选择"标准（4:3）"或"宽屏（16:9）"选项即可。其中，"标准（4:3）"尺寸适用于老式的计算机屏幕及投影幕布。

11.2.5 │ 设置幻灯片背景

默认情况下，幻灯片的背景为系统默认的背景。如果用户想要对默认的背景进行调整，可在"设计"选项卡中单击"设置背景格式"按钮，打开"设置背景格式"窗格，用户在此窗格中可通过以下 4 种填充模式来调整幻灯片的背景。

1. 纯色填充

在该窗格中选中"纯色填充"单选按钮❶，并单击"颜色"下拉按钮❷，在下拉列表中选择一种颜色❸，即可填充当前幻灯片背景，如图 11-19 所示。

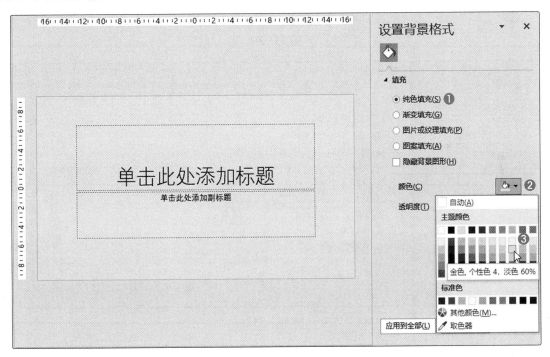

图 11-19

2. 渐变填充

在该窗格中选中"渐变填充"单选按钮❶，在"渐变光圈"区域中先调整渐变滑块的数量及位置❷，然后单击"颜色"下拉按钮，在下拉列表中选择所需渐变颜色❸，最后单击"方向"下拉按钮，在其中选择渐变方向❹，即可为当前幻灯片背景应用设置好的渐变色，如图 11-20 所示。

3. 图片或纹理填充

在该窗格中选中"图片或纹理填充"单选按钮❶，然后单击"插入"按钮❷。在"插入图片"对话框中选择背景图片❸，单击"插入"按钮❹，如图 11-21 所示。

设置好后，该图片将会作为背景被应用至当前幻灯片中，如图 11-22 所示。

第**11**章 幻灯片的创建与编辑

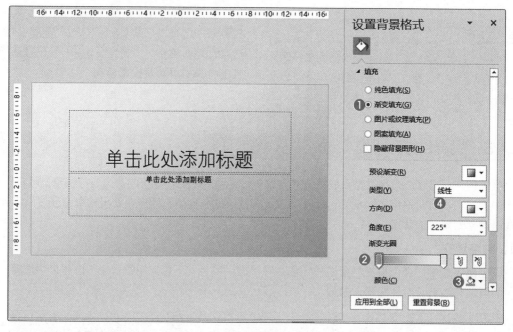

图 11-20

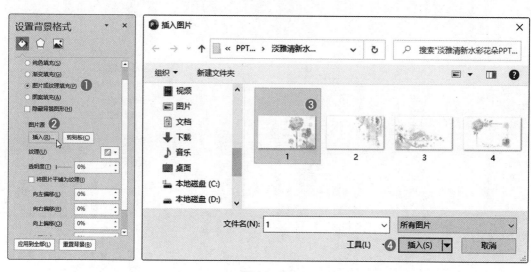

图 11-21

图 11-22

如果想要填充纹理背景，则在该窗格中单击"纹理"下拉按钮，在打开的下拉列表中选择一种满意的纹理图案，即可将其填充至幻灯片背景中，如图11-23所示。

图 11-23

4. 图案填充

在窗格中选中"图案填充"单选按钮①，在"图案"列表中选择一种满意的图案样式②，然后单击"前景"或"背景"下拉按钮③，设置好相应的颜色，即可将该图案样式应用至当前幻灯片中，如图 11-24 所示。

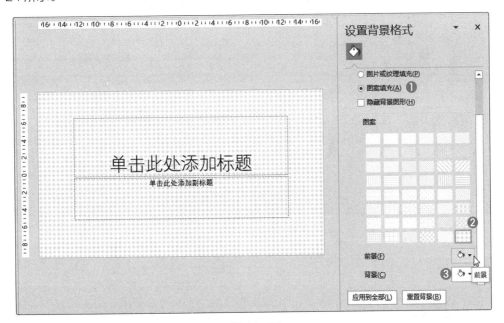

图 11-24

新手提示

设置幻灯片背景后，该背景只应用于当前幻灯片。如果想要对其他幻灯片也应用相同的背景，则需在"设置背景格式"窗格中单击"应用到全部"按钮。

11.3 页面元素的编辑

页面元素包含文本、图片、图形、音视频、表格和图表等。用户巧妙利用这些元素可以丰富幻灯片内容，增强幻灯片的可读性。本节将分别对这些元素的基本操作进行介绍。

11.3.1 文本元素

在新建的幻灯片中，用户可直接在"单击此处添加标题"虚线框中输入文本内容。此外，用户还可利用"文本框"功能来输入文本内容。在"插入"选项卡中单击"文本框"下拉按钮，在下拉列表中选择"绘制横排文本框"选项，如图 11-25 所示。在页面中绘制文本框，然后在其中输入文本内容即可。

图 11-25

[实操 11-4] 输入"旅游日记.pptx"演示文稿封面标题
[实例资源] 第 11 章 \ 例 11-4

微课视频

如果想要输入带样式的文本，可使用"艺术字"功能来完成。

步骤 01 打开"旅游日记.pptx"素材文件，在"插入"选项卡中单击"艺术字"下拉按钮❶，在下拉列表中选择一款艺术字样式❷，如图 11-26 所示。

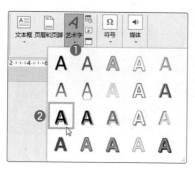

图 11-26

步骤 02 在幻灯片中插入艺术字，选中文本框中的艺术字内容，将其更改为所需标题内容，如图 11-27 所示。

图 11-27

步骤 03 在"开始"选项卡的"字体"选项组中，对标题文本的字体❶及字号❷进行设置，如图 11-28 所示。

步骤 04 设置好后，输入的标题文本格式发生了变化，如图 11-29 所示。

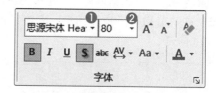

图 11-28

图 11-29

应用秘技

如果对当前文本的样式不满意，用户可在"绘图工具-格式"选项卡的"艺术字样式"选项组中，通过"文本填充"❶、"文本轮廓"❷和"文本效果"❸这3个设置选项来对当前文本样式进行修改，如图11-30所示。

图 11-30

11.3.2 图片元素

在幻灯片中插入图片可以丰富内容，增强页面视觉效果。插入图片的操作很简单，用户只需在素材中选中图片，将其拖至幻灯片中即可。插入图片后，用户也可以对图片大小、图片色调、图片明暗、图片效果等属性进行设置。其操作与在 Word 中对图片的操作相似，此处不再重复介绍。这里将着重介绍图片背景的删除操作。

[实操 11-5] 设置"旅游日记 .pptx"演示文稿封面图片
[实例资源] 第 11 章 \ 例 11-5

用户利用 PowerPoint 中的删除背景功能可以轻松地删除图片背景，无须使用 Photoshop 等专业软件进行抠图操作。

步骤 01 打开"旅游日记 .pptx"素材文件，将"树叶"图片插入幻灯片中。选中该图片，在"图片工具 - 格式"选项卡中单击"删除背景"按钮，如图 11-31 所示。

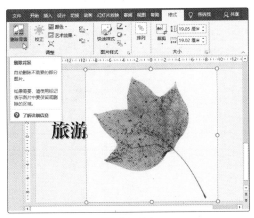

图 11-31

步骤 02 打开"背景消除"选项卡，此时系统自动识别出图片的背景，并高亮显示出来，如图 11-32 所示。

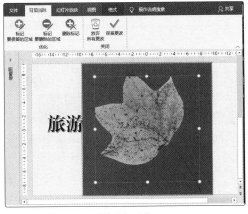

图 11-32

步骤 03 选择图中任意一个控制点，将其移动至合适位置，调整好要保留的区域，如图 11-33 所示。此外，用户还可使用"标记要保留的区域"或"标记要删除的区域"功能来调整要保留的区域。

图 11-33

步骤 04 调整好之后，单击"保留更改"按钮，如图 11-34 所示。

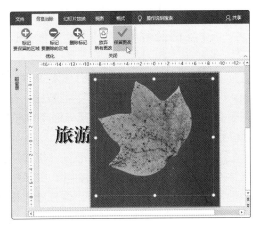

图 11-34

步骤 05 此时，该图片的背景已被删除。复制两次图片，同时调整好图片的大小和位置，如图 11-35 所示。

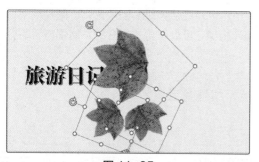

图 11-35

步骤 06 同时选中 3 张树叶图片，单击鼠标右键，在弹出的快捷菜单中选择"置于底层"选项，在其级联菜单中选择"置于底层"选项，如图 11-36 所示。

图 11-36

步骤 07 此时，被选中的图片已叠放至标题文本下方，如图 11-37 所示。

图 11-37

步骤 08 将"照片"素材文件拖曳至幻灯片中，调整其大小和位置，效果如图 11-38 所示。

图 11-38

11.3.3 | 图形元素

图形是美化页面的有力武器。图形具有可塑性，它可以变化成不同的形状来丰富页面效果。PowerPoint 中图形的绘制与美化和 Word 中的图形功能相似。

 [实操 11-6] 利用形状美化"旅游日记 .pptx"演示文稿封面
[实例资源] 第 11 章 \ 例 11-6

微课视频

步骤 01 打开"旅游日记 .pptx"素材文件，在"插入"选项卡中单击"形状"下拉按钮，在下拉列表中选择"矩形"形状，使用鼠标拖曳的方法，在页面中绘制矩形。

步骤 02 选中矩形，在"绘图工具 - 格式"选项卡中单击"形状填充"下拉按钮，在下拉列表中选择"白色，背景 1"选项，将其颜色设置为白色❶，单击"形状轮廓"下拉按钮，将其设置为"无轮廓"❷，单击"形状效果"下拉按

钮，在下拉列表中选择"阴影"选项，并在其级联菜单中选择一种阴影样式❸，如图 11-39 所示。

步骤 03 在"阴影"级联菜单中选择"阴影选项"，打开"设置形状格式"窗格，在此窗格中将"模糊"设置为"22 磅"，如图 11-40 所示。

步骤 04 在设置好的矩形上单击鼠标右键，在弹出的快捷菜单中选择"下移一层"选项，即可将矩形移至照片下方，如图 11-41 所示。

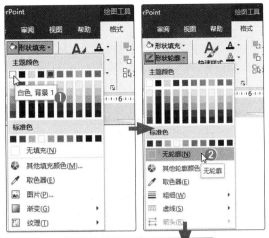

图 11-39

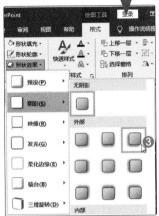

图 11-40

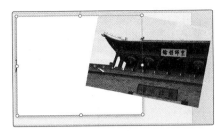

图 11-41

步骤 05 旋转矩形，并将其移至页面中合适的位置，同时选中照片素材，单击鼠标右键，在弹出的快捷菜单中选择"组合"选项，将矩形与照片加以组合，如图 11-42 所示。

图 11-42

步骤 06 在"形状"下拉列表中选择"直线"形状，在封面标题上绘制直线，并设置直线的颜色和粗细，然后将其复制，并移至标题下方，调整好直线的长度，效果如图 11-43 所示。

图 11-43

步骤 07 使用文本框输入副标题文字和照片说明内容，并调整好文字的格式与位置，完成封面的美化操作，效果如图 11-44 所示。

图 11-44

应用秘技

如果用户想要对图形的形状进行修改，则可利用"编辑顶点"功能来完成。在图形上单击鼠标右键，在弹出的快捷菜单中选择"编辑顶点"选项，如图11-45所示。此时所选图形会显示出相应的编辑顶点，选中其中一个顶点，并移动至合适位置，或拖曳该顶点两侧的控制手柄，即可对当前图形的形状进行更改，如图11-46所示。单击页面空白处即可完成操作，如图11-47所示。

图 11-45

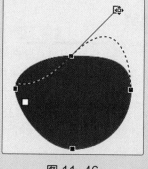

图 11-46

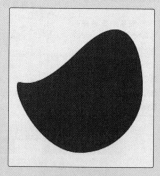

图 11-47

11.3.4 SmartArt 图形元素

SmartArt 图形是信息传达的一种表现形式，在演示文稿中使用 SmartArt 图形可以很直观地展示出要点信息。PowerPoint 提供了多种类型的 SmartArt 图形，用户可以根据实际需求选择使用，如图 11-48 所示。

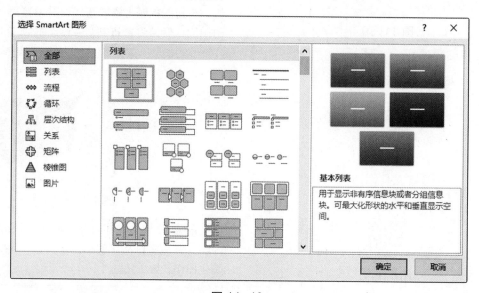

图 11-48

[实操 11-7] 创建"旅游景点.pptx"逻辑图

[实例资源] 第 11 章\例 11-7

在对旅游景点进行展示时，不妨使用 SmartArt 图形来操作，或许会得到意想不到的效果。

步骤 01 打开"旅游景点.pptx"素材文件,在"插入"选项卡中单击"SmartArt"按钮❶,在打开的"选择 SmartArt 图形"对话框中选择一种图形,这里选择"六边形群集"图形❷,单击"确定"按钮❸,如图 11-49 所示。

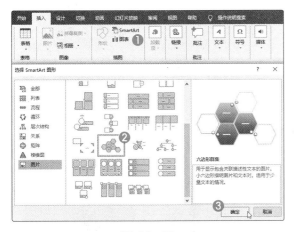

图 11-49

步骤 02 在插入的图形中单击"文本"字样,可输入文本内容,如图 11-50 所示。

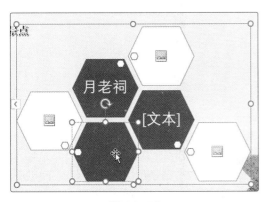

图 11-50

步骤 03 输入文本内容,选择其中的任意文本形状,这里选择"月老祠"形状,单击鼠标右键,在弹出的快捷菜单中选择"添加形状"选项,并在其级联菜单中选择"在后面添加形状"选项,如图 11-51 所示。

步骤 04 此时会在形状集中添加一个新形状,选中新形状可直接输入文本内容,如图 11-52 所示。

步骤 05 按照同样的方法,继续添加其他形状,并输入相关景点内容,如图 11-53 所示。

步骤 06 单击与"永顺染坊"文本相关联的图片占位符,如图 11-54 所示。

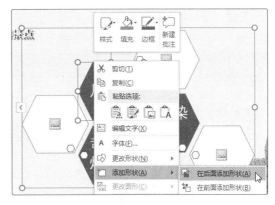

图 11-51

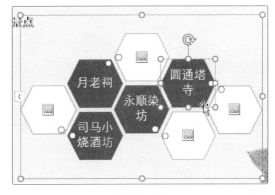

图 11-52

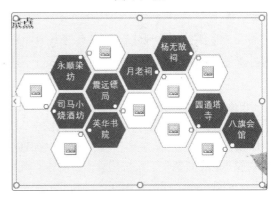

图 11-53

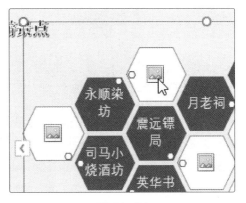

图 11-54

步骤 07 在打开的"插入图片"对话框中选择相应的景点图片❶，单击"插入"按钮❷，将图片插入相应的图形中，如图 11-55 所示。

图 11-55

步骤 08 按照同样的方式，插入其他与文本相关联的景点图片，效果如图 11-56 所示。

图 11-56

创建 SmartArt 图形后，用户可对创建的图形进行美化编辑。用户可在"SmartArt 工具 – 设计"选项卡中对其颜色、版式及样式进行设置，如图 11-57 所示。

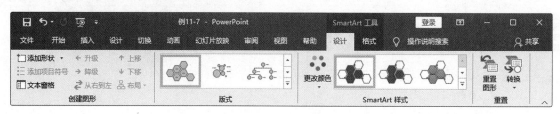

图 11-57

 [实操 11-8] 对"旅游景点 .pptx"逻辑图进行美化

[实例资源] 第 11 章 \ 例 11-8

下面将对创建好的"旅游景点 .pptx"逻辑图进行一些必要的美化，其具体操作如下。

步骤 01 打开"旅游景点 .pptx"素材文件，选中逻辑图，在"SmartArt 工具 – 设计"选项卡中单击"更改颜色"下拉按钮❶，在下拉列表中选择一种颜色❷，即可对当前逻辑图的颜色进行更改，如图 11-58 所示。

图 11-58

步骤 02 在"SmartArt 工具 – 设计"选项卡的"SmartArt 样式"选项组中单击"其他"下拉按钮，在下拉列表中选择一种样式，即可对当前逻辑图的样式进行更改，如图 11-59 所示。

图 11-59

步骤03 选中逻辑图，在"开始"选项卡的"字体"选项组中，用户可以对图形中文本的字体格式进行批量设置，效果如图 11-60 所示。

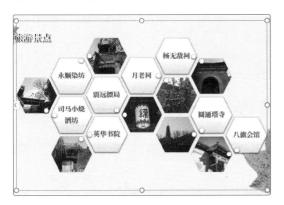

图 11-60

步骤04 如果要突出显示逻辑图中的某个景点，则可单独选中该文本图形，在"SmartArt 工具－格式"选项卡中单击"形状填充"下拉按钮❶，在下拉列表中选择一种填充色❷，如图 11-61 所示。

图 11-61

步骤05 按照同样的方法，将其他景点内容突出显示，如图 11-62 所示。

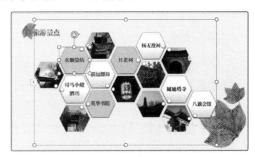

图 11-62

应用秘技

如果想要对SmartArt的版式进行更改，只需在"SmartArt工具-设计"选项卡的"版式"选项组中选择所需版式即可。

11.3.5 音视频元素

在幻灯片中插入音频或视频片段，可将观众带入情境中，帮助观众快速理解内容。本小节将介绍音频、视频文件的基本应用。

1. 音频的剪辑与播放

插入音频的方法与插入图片的方法相同，只需将音频文件直接拖曳至幻灯片中即可。

如果插入的音频时间太长，则会影响到幻灯片的传输与放映。因此，用户需要对太长的音频文件进行适当的剪辑。选择音频，在"音频工具－播放"选项卡中单击"剪裁音频"按钮❶，在打开的"剪裁音频"对话框中调整进度条上的开始和终止滑块的位置❷，即可对音频文件进行剪裁操作，如图 11-63 所示。

插入音频文件后，用户可对音频的播放模式进行调整。在"音频工具－播放"选项卡的"音频选项"组中勾选相应的复选框即可，如图 11-64 所示。

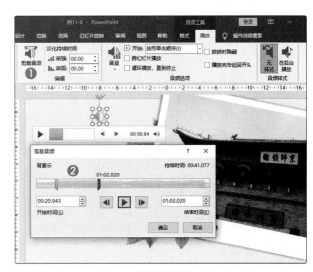

图 11-63

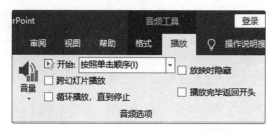

图 11-64

● **开始：** 用于设置音乐开启方式，默认为"按照单击顺序"；如果想要切换为其他开始方式，可单击其下拉按钮，在下拉列表中进行选择。

● **跨幻灯片播放：** 勾选该复选框后，音频会跨幻灯片播放，直到播放结束。默认情况下，音频只在当前幻灯片中播放，一旦切换到其他幻灯片将停止播放。

● **循环播放，直到停止：** 勾选该复选框后，音频会循环播放，直到幻灯片放映结束。

● **放映时隐藏：** 勾选该复选框后，在放映幻灯片时，音频图标将会被隐藏。

● **播放完毕返回开头：** 勾选该复选框后，音频播放完后会返回开始，但不会循环播放。

[实操 11-9] 设置背景音乐的播放范围

[实例资源] 第 11 章 \ 例 11-9

勾选"跨幻灯片播放"复选框后，音频会持续播放，直到播放结束。如果要使音频在指定的范围内播放，那么可通过以下方法进行操作。

步骤 01 打开"旅游日记 .pptx"素材文件，选择音频文件❶，在"动画"选项卡的"动画"选项组右侧单击对话框启动器按钮❷，如图 11-65 所示。

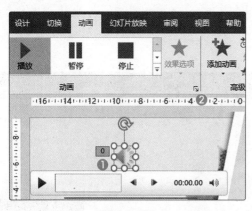

图 11-65

步骤 02 在打开的"播放音频"对话框的"停止播放"选项组中，选中"在 999 张幻灯片后"单选按钮，并将"999"更改为"2"❶，然后单击"确定"按钮❷，如图 11-66 所示。

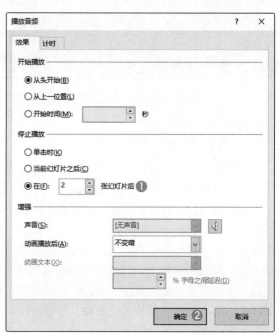

图 11-66

步骤 03 按【F5】键放映当前演示文稿，当放映至第 3 张幻灯片时，会停止播放音频。

2. 视频的剪辑与播放

插入视频的操作与插入音频的操作相似，将准备好的视频直接拖曳至幻灯片中即可。如果要对视频进行简单编辑，可在"视频工具－播放"选项卡中单击"剪裁视频"按钮，在打开的"剪裁视频"对话框中调整开始和终止滑块，如图 11-67 所示。

图 11-67

在PowerPoint中，用户可使用"屏幕录制"功能进行现场录制。录制结束后，系统会将录制的视频嵌入幻灯片中。

在"插入"选项卡中单击"屏幕录制"按钮，此时当前幻灯片会最小化，计算机屏幕会以半透明状态显示。在屏幕上方录制工具栏中单击"选择区域"按钮，框选出录制范围，然后单击"录制"按钮进行录制，单击"停止"按钮即可停止录制并将录制的视频嵌入当前幻灯片中。

插入视频文件后，用户可根据需要来对视频播放模式进行调整。在"视频工具－播放"选项卡的"视频选项"组中勾选相关对话框即可，如图11-68所示。

图 11-68

11.4 母版的应用

如果用户对 PowerPoint 软件内置的幻灯片版式不够满意，则可在幻灯片母版视图中对幻灯片版式进行设置。下面将介绍幻灯片版式及母版的基本应用。

11.4.1 幻灯片版式

幻灯片版式是指文字、图片、图表等元素在幻灯片上的布局方式。PowerPoint 软件内置了 11 种版式。在"开始"选项卡的"新建幻灯片"下拉列表中可查看所有内置的幻灯片版式，如图 11-69 所示。

在"开始"选项卡中单击"版式"下拉按钮，在下拉列表中可对当前的幻灯片版式进行更改，如图 11-70 所示。

幻灯片版式由多种类型的占位符组成，如内容占位符、文本占位符、图片占位符、图表占位符等。

单击文本占位符即可输入文本内容，如图 11-71 所示。单击内容占位符中的快捷按钮（"插入表格""插入图表""插入 SmartArt 图形"等），可快速插入相应的内容，如图 11-72 所示。选中占位符，按【Delete】键即可将其删除。

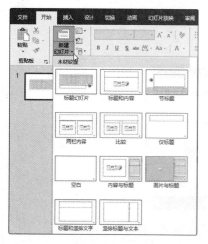

图 11-69

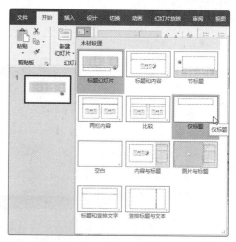

图 11-70

图 11-71

图 11-72

11.4.2 幻灯片母版

如果用户想要更改内置的幻灯片版式，需在幻灯片母版视图中进行操作。在"视图"选项卡中单击"幻灯片母版"按钮，即可进入母版视图界面，如图 11-73 所示。

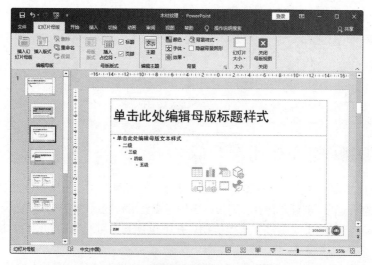

图 11-73

在幻灯片母版视图中，第 1 张幻灯片称为母版式，其他幻灯片称为子版式。在母版式中进行的任何操作都会应用至其他子版式中，如图 11-74 所示。然而，在子版式中进行的任何操作，只会应用于当前子版式，母版式和其他子版式将不会发生变化，如图 11-75 所示。

图 11-74

图 11-75

由此看出，利用母版式可以快速统一幻灯片的样式和风格。而利用子版式可对某个版式进行单独修改，使幻灯片风格既统一，又有变化。

设置幻灯片版式后，关闭该视图模式。切换到普通视图，在"开始"选项卡的"版式"下拉列表中可调用修改后的版式，如图 11-76 所示。

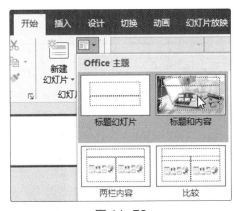

图 11-76

 [实操 11-10] 为"旅游日记 .pptx"演示文稿添加水印

[实例资源] 第 11 章 \ 例 11-10

利用幻灯片母版特性，用户可为幻灯片批量添加水印。下面将介绍具体的操作方法。

步骤 01 打开"旅游日记 .pptx"素材文件，在"视图"选项卡中单击"幻灯片母版"按钮，打开母版视图界面，选择第 1 张母版式幻灯片❶，删除幻灯片中的占位符，插入文本框并输入水印文本内容，适当调整文本格式❷，如图 11-77 所示。

步骤 02 设置好后，单击"关闭母版视图"按钮，返回普通视图界面。此时会发现所有幻灯片页面都已添加水印，如图 11-78 所示。

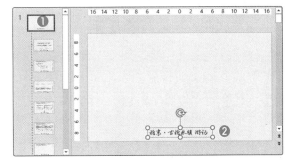

图 11-77

图 11-78

 实战演练

制作保护野生动物宣传演示文稿

下面将以制作野生动物宣传演示文稿为例，温习和巩固本章所学知识，其具体操作步骤如下。

步骤 01 新建空白演示文稿，删除第 1 张幻灯片中的占位符。在"设计"选项卡中单击"设置背景格式"按钮，在打开的窗格中选中"图片或纹理填充"单选按钮❶，并单击"插入"按钮❷，在打开的对话框中选择背景图素材文件，将其设为页面背景❸，如图 11-79 所示。

图 11-79

步骤 02 在"设置背景格式"窗格中单击"应用到全部"按钮，将该背景图应用至其他幻灯片中。在"插入"选项卡中单击"形状"下拉按钮，在下拉列表中选择"矩形"形状，并在页面中绘制出矩形，如图 11-80 所示。

图 11-80

步骤 03 在"绘图工具-格式"选项卡中将"形状填充"设置为白色，将"形状轮廓"设置为"无轮廓"。在该矩形上单击鼠标右键，在弹出的快捷菜单中选择"设置形状格式"选项，在打开的设置窗格中将"透明度"设置为"30%"，如图 11-81 所示。

步骤 04 插入文本框，输入标题内容，并设置好文本格式，放置在矩形中间位置，如图 11-82 所示。

步骤 05 先选择矩形，按住【Ctrl】键再选择标题文本框，在"绘图工具-格式"选项卡中单击"合并形状"下拉按钮❶，在下拉列表中选择"剪除"选项❷，形成镂空字体效果，如图 11-83 所示。

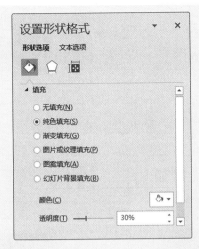

图 11-81

图 11-82

图 11-83

步骤 06 在"形状"下拉列表中，选择"矩形"形状，再绘制一个大矩形。将大矩形的"形状填充"设置为"无填充"，将其"形状轮廓"设置为白色，并放置在页面中合适的位置，完成封面页的制作，如图 11-84 所示。

图 11-84

步骤 07 新建第 2 张幻灯片，绘制一个矩形，将其"形状填充"设置为白色，将"形状轮廓"设置为"无轮廓"，并放置在页面的合适位置，如图 11-85 所示。

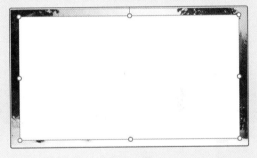

图 11-85

步骤 08 利用文本框在页面中输入文本内容，并设置文本格式，如图 11-86 所示。

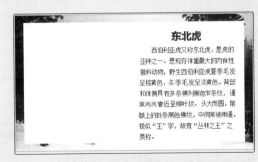

图 11-86

步骤 09 选中东北虎图片素材，将其拖曳至该页面中，并调整好位置。在"图片工具 - 格式"选项卡中单击"校正"下拉按钮，在下拉列表中调整图片的亮度，如图 11-87 所示。

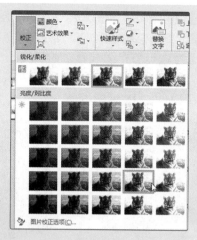

图 11-87

步骤 10 在"图片样式"列表中，选择一种合适的样式，将其应用于该图片，如图 11-88 所示。至此，第 2 张幻灯片制作完毕。

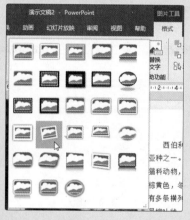

图 11-88

步骤 11 按照同样的方法，制作第 3 ~ 5 张幻灯片，效果如图 11-89 所示。

步骤 12 新建第 6 张幻灯片，并绘制一个矩形，将其"形状填充"设置为白色，将其"形状轮廓"设置为"无轮廓"，将"透明度"设置为"30%"。然后在矩形上下两端分别绘制一条直线，将直线"颜色"设置为白色，将直线"宽度"设置为"3 磅"，如图 11-90 所示。

图 11-89

图 11-90

步骤 13 利用文本框输入结尾标题内容，并设置好格式。然后先选择矩形，按住【Ctrl】键再选择标题，使用"合并形状"下拉列表中的"剪除"功能，制作出镂空文字效果，如图 11-91 所示。至此，保护野生动物宣传演示文稿制作完毕。

图 11-91

疑难解答

Q1：如何在幻灯片中添加表格？

A： 在幻灯片中添加表格的方法与在 Word 文档中添加表格的方法相似，在"插入"选项卡中单击"表格"下拉按钮，在下拉列表中根据需要选择行数和列数即可插入表格。此外，如果有制作好的 Excel 表格，可将 Excel 表格直接复制粘贴至幻灯片中。

Q2：将 Excel 表格复制到幻灯片中后，发现表格的样式都变了，怎么办？

A： 如果用户直接使用【Ctrl+C】和【Ctrl+V】组合键进行表格的复制和粘贴，则表格会以幻灯片默认表格样式来显示；想要 Excel 表格的样式不发生变化，在使用【Ctrl+C】组合键进行复制后，在幻灯片中单击鼠标右键，在弹出的快捷菜单中选择"粘贴选项"下的"保留源格式"选项，即可将 Excel 表格粘贴到幻灯片中并保留源格式，如图 11-92 所示。

图 11-92

Q3：如何快速替换幻灯片中的某种字体？

A： 对于单张幻灯片，用户可以使用格式刷来替换字体；而如果要替换所有幻灯片中的某种字体，如将所有宋体字全部替换成黑体字，那么在"开始"选项卡中单击"替换"下拉按钮❶，在下拉列表中选择"替换字体"选项❷，在打开的"替换字体"对话框中，将"替换"设置为"宋体"❸，将"替换为"设置为"黑体"❹，单击"替换"按钮❺即可，如图 11-93 所示。

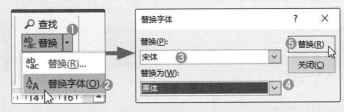

图 11-93

Q4：如果要将横排文字转换成竖排文字，该怎么操作？

A： 选中文本框，在"开始"选项卡的"段落"选项组中单击"文字方向"下拉按钮，在下拉列表中选择"竖排"选项即可。

第 12 章

动画效果的设计与展示

动画是幻灯片的精髓所在，它能够使幻灯片变得更加生动。本章将介绍动画的基本操作，包括幻灯片切换动画的应用、4 类基础动画的应用，以及幻灯片之间的链接设置。

12.1 设置幻灯片切换动画

切换动画是两张或多张幻灯片之间的衔接动画。PowerPoint 软件提供了多种切换动画，用户可以根据需要为幻灯片添加不同的切换动画，也可以批量添加同一种切换动画。

12.1.1 了解切换动画的种类

PowerPoint 切换动画包含三大类型，分别为细微型、华丽型和动态内容型。

细微型的切换动画给人以舒缓、平和的感觉，如图 12-1 所示。

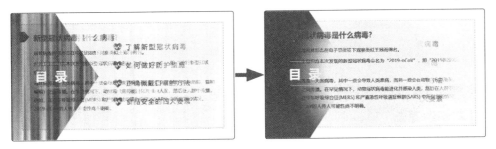

图 12-1

华丽型的切换动画富有视觉冲击力，比较容易引人注目，如图 12-2 所示。

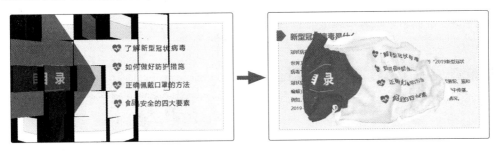

图 12-2

动态内容型的切换动画常常用于为幻灯片中的内容提供动画效果，如图 12-3 所示。

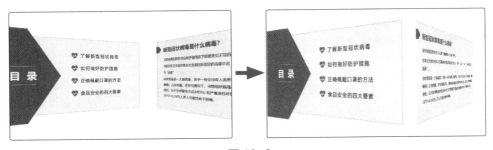

图 12-3

12.1.2 为幻灯片添加切换动画

在"切换"选项卡的"切换到此幻灯片"选项组中可查看所有切换动画，如图 12-4 所示。选择其中一个切换动画后，即可将其应用至当前幻灯片中。此外，单击"效果选项"下拉按钮，在下拉列表中可以对添加的切换动画的方向进行设置，如图 12-5 所示。

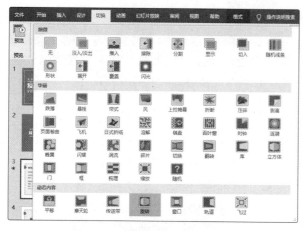

图 12-4

图 12-5

 [实操 12-1] 为"疫情防控.pptx"演示文稿添加切换动画

[实例资源] 第 12 章 \ 例 12-1

下面将以"疫情防控.pptx"演示文稿为例，来介绍具体的设置操作。

步骤 01 打开"疫情防控.pptx"素材文件，选择第 2 张目录页幻灯片❶，在"切换"选项卡的"切换到此幻灯片"选项组中选择"推入"切换动画❷，如图 12-6 所示。

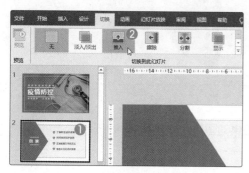

图 12-6

步骤 02 单击"效果选项"下拉按钮❶，在下拉列表中选择"自右侧"选项❷，如图 12-7 所示。

图 12-7

步骤 03 此时系统会自动展示添加的切换动画，如图 12-8 所示。

图 12-8

新手提示

在为幻灯片添加切换动画时，一定要保证幻灯片的数量在两张以上。

步骤 04 在"切换"选项卡的"计时"选项组中单击"应用到全部"按钮，即可将该切换动画应用至其他幻灯片中，如图 12-9 所示。

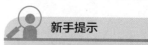

图 12-9

12.1.3 调整幻灯片切换参数

为幻灯片添加切换动画后，用户可为该切换动画添加切换声音、设置切换持续时间，以及调整切换方式。在"切换"选项卡的"计时"选项组中进行相关设置即可，如图 12-10 所示。

● **声音：** 单击"声音"下拉按钮，在下拉列表中可为当前幻灯片选择切换音效，默认是"【无声音】"。

● **持续时间：** 在该数值框中，用户可设置切换动画的持续时间。

图 12-10

● **换片方式：** 默认为"单击鼠标时"方式，也就是说在放映幻灯片的过程中，只有单击当前幻灯片后，才会切换至下一张幻灯片；如果想要实现自动切换，那么勾选"设置自动换片时间"复选框后，再设定切换时长。

12.2 为对象添加基本动画

以上讲解的是如何在各幻灯片之间添加衔接动画，接下来将介绍如何在单张幻灯片中为文本、图片、图形等对象添加动画。

12.2.1 进入动画

进入动画是指页面中的对象从无到有，逐渐出现的一个运动过程。它是所有动画中最基本的动画。在页面中选择所需对象，在"动画"选项卡中打开"动画"下拉列表，在"进入"动画组中选择所需动画效果即可。

 [实操 12-2] 为"疫情防控 .pptx"目录页添加进入动画
[实例资源] 第 12 章 \ 例 12-2

微课视频

下面将为"疫情防控 .pptx"目录页中的文本和形状对象添加进入动画。

步骤 01 打开"疫情防控 .pptx"素材文件，在第 2 张幻灯片中选择左侧图形，在"动画"选项卡中选择"进入"动画组中的"飞入"效果❶，此时被选图形左上角会显示动画编号"1"❷，说明该图形已添加了动画，如图 12-11 所示。

步骤 02 在"动画"选项卡中单击"效果选项"下拉按钮❶，在下拉列表中选择"自左侧"选项❷，将飞入动画的运动方向设置为从左至右，如图 12-12 所示。

步骤 03 选择幻灯片背景中的矩形，同样为其添加"飞入"进入动画❶，此时该矩形左上角会显示动画编号"2"❷。单击"效果选项"下拉按钮❸，在下拉列表中选择"自右侧"选项，将矩形的运动方向设置为从右至左，如图 12-13 所示。

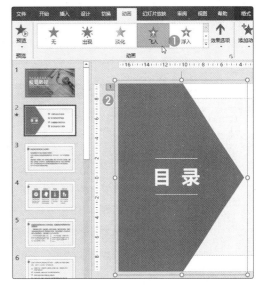

图 12-11

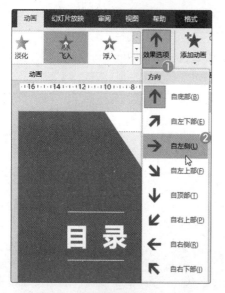

图 12-12

图 12-13

步骤 04 在该幻灯片中，同时选中右侧的所有文本内容，在"动画"下拉列表中选择"擦除"进入动画❶，为其添加擦除动画。此时，每条文本左上角会显示动画编号"3"❷，如图 12-14 所示。

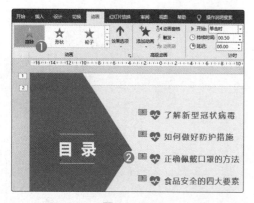

图 12-14

步骤 05 单击"效果选项"下拉按钮，在下拉列表中选择"自左侧"选项，将擦除动画的方向设置为从左至右。在"动画"选项卡中单击"预览"按钮，系统可按照动画编号依次播放当前幻灯片中所有的动画，如图 12-15 所示。

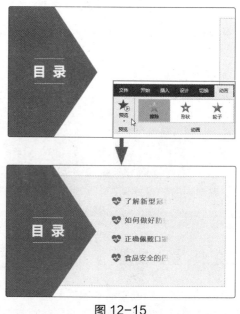

图 12-15

用户为幻灯片中的对象添加动画后，默认情况下，单击当前幻灯片就可以开始播放动画。如果想让动画自动播放，那么需要对动画的播放模式进行调整。这里就需要用到"动画窗格"功能了。

在"动画窗格"中，用户可以调整动画的播放模式、动画的播放顺序、动画效果的设置等。在"动画"选项卡的"高级动画"选项组中单击"动画窗格"按钮即可打开相应的设置窗格，如图 12-16 所示。

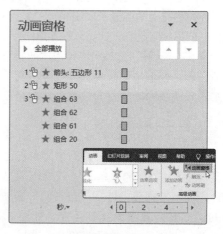

图 12-16

动画窗格会显示当前幻灯片中所有的动画项，选择其中一个动画项后，幻灯片中相应的动画也会被选中。

[实操 12-3] 设置目录页动画的开始模式

[实例资源] 第 12 章 \ 例 12-3

微课视频

下面将利用"动画窗格"功能来调整目录页中所有动画的开始模式。

步骤 01 打开"例 12-3.pptx"素材文件，打开"动画窗格"，选中编号"1"动画项❶，单击鼠标右键，在弹出的快捷菜单中选择"从上一项开始"选项❷，如图 12-17 所示。

图 12-17

步骤 02 选择好后，该动画编号由"1"变为"0"，其他动画编号依次顺延，如图 12-18 所示。

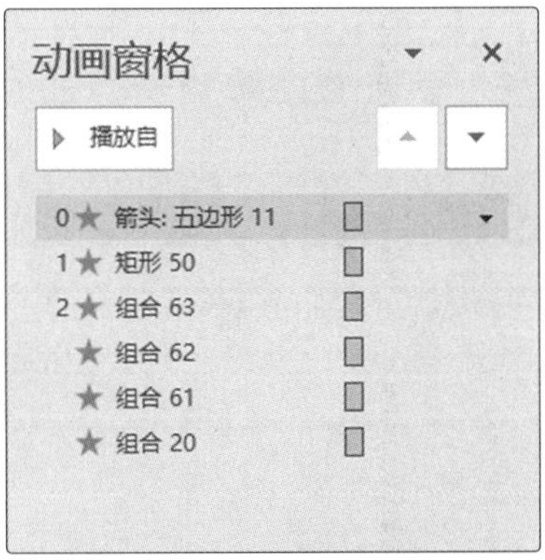

图 12-18

步骤 03 选择"矩形 50"动画项❶，单击鼠标右键，在弹出的快捷菜单中同样选择"从上一项开始"选项❷，如图 12-19 所示。

步骤 04 选择"组合 63"动画项❶，单击鼠标右键，在弹出的快捷菜单中选择"从上一项之后开始"选项❷，如图 12-20 所示。

图 12-19

图 12-20

应用秘技

动画开始模式说明如下。

● 单击开始：该模式为默认播放模式；放映幻灯片时，单击才可播放动画。

● 从上一项开始：该模式是指当前动画与前一个动画同时播放。

● 从上一项之后开始：该模式是指前一个动画结束后，再开始播放当前动画。

以上3种开始模式与"动画"选项卡的"计时"选项组中"开始"下拉列表的选项一一对应。

步骤 05 设置好后，单击"全部播放"按钮即可预览设置后的动画效果，如图 12-21 所示。

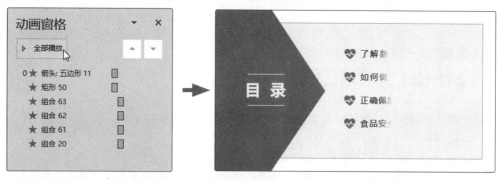

图 12-21

 新手提示

单击"动画窗格"中的"全部播放"按钮可对当前动画进行快速预览，它的开始模式为自动播放。而真正放映动画时，用户需要考虑各动画项的开始模式，否则都会默认以"单击开始"模式来播放。这就是放映动画与预览动画的区别。

12.2.2 退出动画

退出动画与进入动画正好相反。它指页面中的对象从有到无，逐渐消失的一个运动过程。退出动画需要结合进入动画使用。尽量不要单独使用退出动画，否则会给人以很突兀、很不自然的感觉。

在"动画"下拉列表的"退出"组中即可选择相应的退出动画，如图 12-22 所示。

在该列表中，退出动画与进入动画一一对应。如"飞入"对应"飞出"，"出现"对应"消失"等。在添加退出动画时，应先考虑进入动画，然后再选择相对应的退出动画。

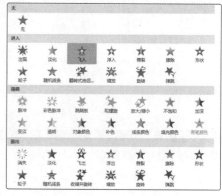

图 12-22

12.2.3 路径动画

路径动画是页面中的对象沿着指定的路径进行运动的动画。PowerPoint 内置了多种动作路径，比较常用的为"直线"。

 [实操 12-4] 为"疫情防控 .pptx"内容页添加路径动画

[实例资源] 第 12 章 \ 例 12-4

下面将为第 3 张幻灯片的内容添加路径动画，具体操作如下。

步骤 01 打开"疫情防控 .pptx"素材文件，选择第 3 张幻灯片左侧蓝色的图标，在"动画"下拉列表的"动作路径"组中选择"直线"选项，如图 12-23 所示。

步骤 02 此时，被选中的图标会自动添加"直线"

路径动画，如图 12-24 所示。

步骤 03 选中该路径的红色控制点，将其向下拖曳至内容结尾处，即可调整"直线"路径的长度，单击页面空白处，完成动作路径的添加。此时直线两端的控制点均会变成箭头图标，如图 12-25 所示。

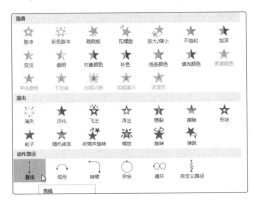

图 12-23

图 12-24

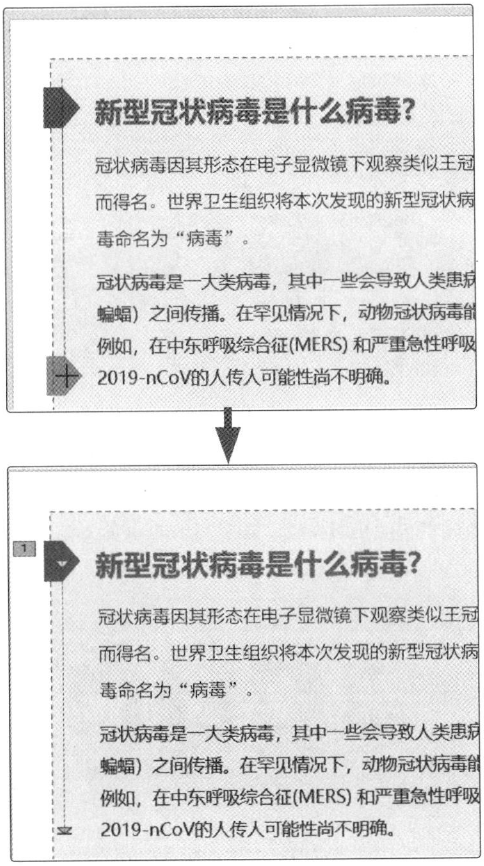

图 12-25

步骤 04 单击"预览"按钮，蓝色图标则会沿着设定的直线路径从上往下运动。

在为对象添加动作路径后，用户可在"效果选项"下拉列表中对路径的运动方向进行调整，如图 12-26 所示。

图 12-26

其中，"锁定"指锁定路径后，如果移动了动画对象，其路径不会随着对象一起移动；而"解除锁定"指路径会随着对象一起移动；"编辑顶点"指对路径进行自定义设置，选择该选项后，路径则变为可编辑状态，并显示相应数量的顶点，用户可通过调整这些顶点的位置来重新设定路径，该选项对直线路径不可用；"反转路径方向"指反转路径的运动方向。

 新手提示

路径动画应尽量选择简单的动作路径，如直线、形状、弧形。而对于自定义路径或其他复杂的路径，在没有把握的情况下，不要盲目使用。因为过于复杂的动作路径只会让人眼花缭乱，无法起到聚焦作用。

12.2.4 强调动画

对于需要特别强调的对象，可以为其添加强调动画。这类动画在放映过程中能够引起观众的注意。添加了强调动画的对象不是从无到有的，而是一开始就存在的。只是在放映时，对象的形状或颜色会发生变化。用户可在"动画"下拉列表的"强调"组中进行选择，如图 12-27 所示。此外，对文本强调动画来说，单击"效果选项"下拉按钮，在下拉列表中还可对颜色、序列等选项进行设置，如图 12-28 所示。

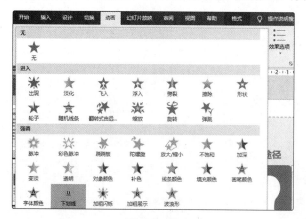

图 12-27

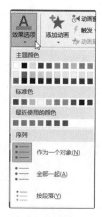

图 12-28

 [实操 12-5] 为"疫情防控 .pptx"内容页添加强调动画
[实例资源] 第 12 章 \ 例 12-5

微课视频

下面将为第 4 张幻灯片添加强调动画，具体操作如下。

步骤 01 打开"疫情防控 .pptx"素材文件，在第 4 张幻灯片中选择"传染源"图标，在"动画"下拉列表中选择"脉冲"选项，为其添加脉冲强调动画，如图 12-29 所示。

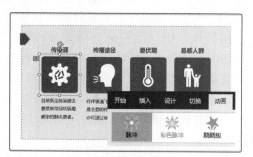

图 12-29

步骤 02 选中"传染源"图标❶，在"动画"选项卡的"高级动画"选项组中单击"动画刷"按钮❷，当光标右侧显示刷子形状时，单击"传播途径"图标❸，即可将脉冲强调动画复制到此图标上，如图 12-30 所示。

图 12-30

步骤 03 利用"动画刷"功能将脉冲强调动画复制到其他两个图标上，如图 12-31 所示。

图 12-31

步骤 04 选中"传染源"文本内容，在"动画"下拉列表的"强调"组中选择"下划线"选项，为文本内容添加下划线强调动画，如图 12-32 所示。

图 12-32

步骤 05 使用"动画刷"功能将下划线强调动画复制到其他 3 个文本内容中，如图 12-33 所示。

图 12-33

步骤 06 打开"动画窗格"，将第 5 个动画项拖曳至第 1 个动画项下方，调整一下动画播放顺序，此时动画编号会发生相应的变化，如图 12-34 所示。

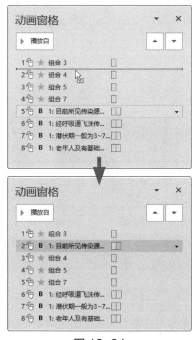

图 12-34

步骤 07 将调整后的第 6 个动画项移至第 3 个动画项下方，将第 7 个动画项移至第 4 个动画项

下方，如图 12-35 所示。

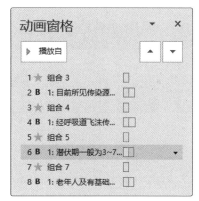

图 12-35

步骤 08 将第 1 个动画项的开始模式设置为"从上一项开始"，将其他动画项的开始模式设置为"从上一项之后开始"，调整后如图 12-36 所示。

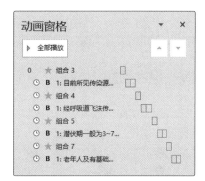

图 12-36

步骤 09 设置完成后，单击"全部播放"按钮，预览当前所有动画效果，如图 12-37 所示。

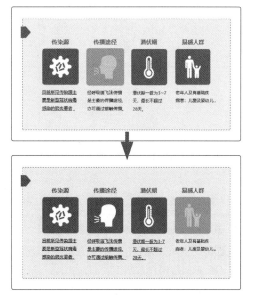

图 12-37

应用秘技

下划线强调动画的速度是可调的。在"动画"选项组中单击对话框启动器按钮，在打开的对话框中调整"字母之间延迟%"参数即可，如图12-38所示。其数值越大，该动画速度就越慢；数值越小，该动画速度就越快。

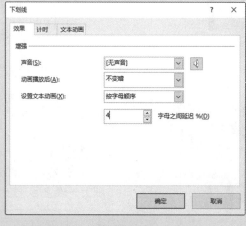

图 12-38

12.2.5 组合动画

我们在实际工作中，经常会将多种动画同时添加到一个对象上，这里就需要使用"添加动画"功能，从而使动画展现得更加丰富多彩。

先选中已经添加了动画的对象，在"动画"选项卡的"高级动画"选项组中单击"添加动画"下拉按钮，在下拉列表中选择一种动画，如图 12-39 所示。此时该对象左上角显示两个动画编号，说明该对象应用了两种动画，如图 12-40 所示。

图 12-39

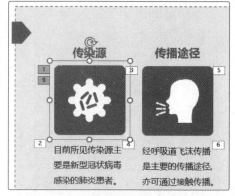

图 12-40

 新手提示

由于"添加动画"下拉列表与"动画"下拉列表的内容是一致的，因此很多新手用户经常容易混淆。这里强调一下，如果要在已有动画的基础上叠加一个新动画，那么就要在"添加动画"下拉列表中选择动画；而如果想更换已有动画，那么就在"动画"下拉列表中选择动画。

[实操 12-6] 为"疫情防控.pptx"结尾页添加组合动画

[实例资源] 第 12 章 \ 例 12-6

下面将为结尾页的标题内容添加"进入→退出→再进入"的组合动画,具体操作如下。

步骤 01 打开"疫情防控.pptx"素材文件,选择结尾幻灯片。利用文本框输入"众志成城 抗击疫情"标题字样,并设置好其文本格式,如图 12-41 所示。

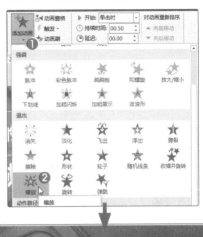

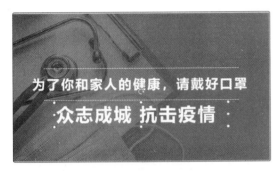

图 12-41

步骤 02 选中该文本框,在"动画"下拉列表中选择"缩放"进入动画,如图 12-42 所示。

图 12-42

步骤 03 保持该文本框的选中状态,在"高级动画"选项组中单击"添加动画"下拉按钮❶,在下拉列表中选择"缩放"退出动画❷,如图 12-43 所示。此时该文本框叠加了两组动画。

步骤 04 选择"为了你和家人的健康……"标题文本框,也为其添加"缩放"进入动画,如图 12-44 所示。

步骤 05 为两条直线添加"擦除"进入动画,将上方直线的"效果选项"设为"自左侧",将下方直线的"效果选项"设为"自右侧",如图 12-45 所示。

图 12-43

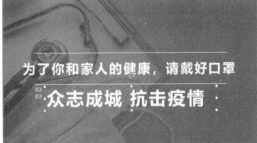

图 12-44

图 12-45

191

步骤 06 打开"动画窗格"，将第 1 个动画项的开始模式设置为"从上一项开始"，将第 2、3 个动画项的开始模式均设置为"从上一项之后开始"，将其他动画的开始模式均设置为"从上一项开始"，如图 12-46 所示。

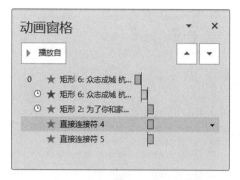

图 12-46

步骤 07 在"动画窗格"中选择第 2 个动画项（退出动画）❶，在"动画"选项卡的"计时"选项组中，将"延迟"设置为"00.50"（5 秒）❷，如图 12-47 所示。

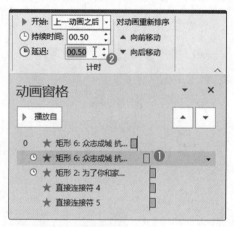

图 12-47

> **应用秘技**
>
> 这里为退出动画设置延迟参数，是为了让两组动画之间有停顿；否则文本内容刚进入，观众还没看清内容，就退出了，不符合规律。所以在制作组合动画时，基本上都需要对延迟参数进行设置。

步骤 08 将"众志成城 抗击疫情"文本框移至"为了你和家人的健康……"上方，使两个文本框重叠，如图 12-48 所示。

图 12-48

步骤 09 按【Shift+F5】组合键，放映当前幻灯片，查看最终动画效果，如图 12-49 所示。

图 12-49

12.3 为幻灯片添加链接

为幻灯片添加链接，可以让幻灯片在放映时，从当前幻灯片快速跳转到其他指定的幻灯片或网页中，使用户在操控幻灯片时能更加轻松、自如。

12.3.1 添加链接

PowerPoint 中的链接有两种，分别是内部链接和外部链接。内部链接是指在当前演示文稿中添加的链接；而外部链接是指将演示文稿中某个内容链接到其他应用程序、网页等外部文件中。这两种链接都可在"插入超链接"对话框中进行设置，如图 12-50 所示。

图 12-50

[**实操 12-7**] 为"疫情防控 .pptx"目录页添加链接

[**实例资源**] 第 12 章 \ 例 12-7

下面将以添加"疫情防控 .pptx"目录页链接为例,介绍内部链接的设置操作。

步骤 01 打开"疫情防控 .pptx"素材文件,选中目录页中的第 1 条内容所在的文本框❶,在"插入"选项卡的"链接"选项组中单击"链接"按钮❷,如图 12-51 所示。

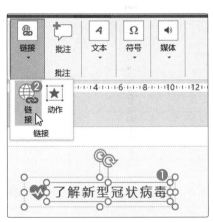

图 12-51

新手提示

所有的组合图形都无法添加链接。只有单独选中组合图形中的某个元素,或者取消图形的组合,才可添加链接。

步骤 02 在打开的"插入超链接"对话框中选择"本文档中的位置"选项❶,在右侧"请选择文

档中的位置"列表框中选择要链接到的幻灯片,这里选择"幻灯片 3"选项❷,如图 12-52 所示。

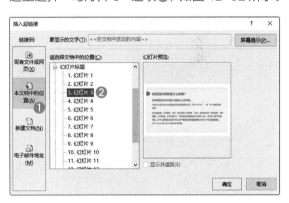

图 12-52

步骤 03 单击"确定"按钮,完成添加链接操作。将光标移至该文本框上时,系统会显示链接的信息,按住【Ctrl】键并单击该文本框即可实现跳转操作,如图 12-53 所示。

图 12-53

步骤 04 按照同样的方法，将第 2 条内容链接到"幻灯片 6"，将第 3 条内容链接到"幻灯片 8"，将第 4 条内容链接到"幻灯片 10"，如图 12-54 所示。

图 12-54

用户如果需要将幻灯片中的内容链接至某网页，可先选中该内容，在"插入超链接"对话框中选择"现有文件或网页"选项❶，并在"地址"文本框中输入要链接的网址❷，然后单击"确定"按钮即可❸，如图 12-55 所示。

图 12-55

12.3.2 编辑链接

如果链接源错误，可以对此链接进行更改操作。在链接上单击鼠标右键，在弹出的快捷菜单中选择"编辑链接"选项，在打开的"编辑超链接"对话框中更改链接源即可，如图 12-56 所示。

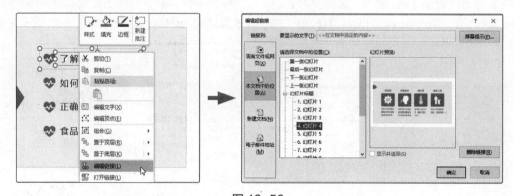

图 12-56

应用秘技

用户如果需要删除多余的链接，则在链接上单击鼠标右键，在弹出的快捷菜单中选择"删除链接"选项即可。

12.3.3 添加动作按钮

添加动作按钮就是为幻灯片中的某个图形或按钮添加返回、前进、转到开头、转到结尾等动作链接。PowerPoint 内置了多个动作按钮，在"形状"下拉列表的"动作按钮"组中选择所需动作按钮，如图 12-57 所示。然后在幻灯片中绘制该按钮❶，在打开的"操作设置"对话框中设置好链接到的幻灯片即可。例如单击"超链接到"下拉按钮，在下拉列表中选择"幻灯片"选项❷，

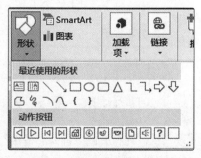

图 12-57

在打开的"超链接到幻灯片"对话框中选择所需幻灯片③，然后单击"确定"按钮④，如图 12-58 所示。

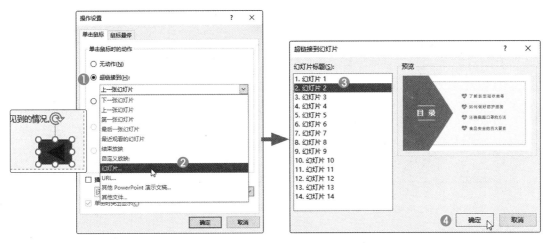

图 12-58

为预防森林火灾宣传演示文稿添加动画效果

下面将综合本章所学知识点，为预防森林火灾宣传演示文稿添加动画效果，其具体操作如下。

步骤 01 打开"预防森林火灾 .pptx"素材文件，选择封面页，按【Ctrl】键的同时选择主标题文本框，在"动画"下拉列表中选择"缩放"进入动画，如图 12-59 所示。

图 12-59

步骤 02 选择副标题文本框，也为其添加"缩放"进入动画。选择主标题中的"预"文本框，在"计时"选项组中将"持续时间"设置为"00.10"（0.1 秒），如图 12-60 所示。

图 12-60

步骤 03 选择"防"文本框，将其持续时间设置为 0.2 秒；选择"森"文本框，将其持续时间设置为 0.3 秒。以此类推，设置主标题文本进入动画的持续时间。

步骤 04 打开动画窗格，将编号"1"动画项的开始模式设置为"从上一项开始"，如图 12-61 所示。

图 12-61

步骤 05 将调整后的编号"1"动画项的开始模式设置为"从上一项之后开始"，如图 12-62 所示。

步骤 06 选择第 2 张幻灯片，并选择第 1 条目录内容，在"动画"下拉列表中选择"更多进入效果"选项①，在打开的对话框中选择"切入"

选项❷，为文本添加"切入"进入动画，如图 12-63 所示。

图 12-62

图 12-63

步骤 07 单击"效果选项"下拉按钮，在下拉列表中选择"自顶部"选项，将切入方向设置为从上往下运动，如图 12-64 所示。

图 12-64

步骤 08 使用"动画刷"功能将切入动画分别复制到其他 3 条目录内容中。将第 3 条和第 4 条目录的"效果选项"都设置为"自底部"，将切入方向设置为从下往上运动，如图 12-65 所示。

图 12-65

步骤 09 在"动画窗格"中将所有动画项的开始模式都设置为"从上一项开始"，如图 12-66 所示。

图 12-66

步骤 10 选择结尾幻灯片。按【Ctrl】键的同时选中所有文本框，在"动画"下拉列表中选择"缩放"进入动画，将"效果选项"设置为"幻灯片中心"，如图 12-67 所示。

步骤 11 选中第 1 个文本框，单击"添加动画"下拉按钮，在下拉列表中选择"脉冲"选项，为其添加脉冲强调动画，如图 12-68 所示。

步骤 12 按照同样的方法，为其他文本框叠加脉冲动画。在"动画窗格"中，将所有缩放进入动画的开始模式均设置为"从上一项开始"，将所有脉冲强调动画的开始模式均设置为"从上一项之后开始"，如图 12-69 所示。至此，该演示文稿的动画添加完毕，用户按【F5 键】进入幻灯片放映状态，即可查看所有动画效果。

图 12-67

图 12-68

图 12-69

疑难解答

Q1: 如果要去除所有幻灯片切换动画，该怎么操作？

A： 选中任意一张幻灯片，在"切换"选项卡的"切换到此幻灯片"选项组中选择"无"选项❶，然后单击"应用到全部"按钮❷，即可去除所有幻灯片切换动画，如图 12-70 所示。

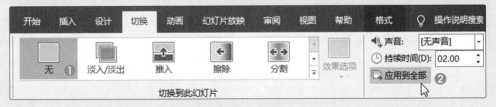

图 12-70

Q2: 为什么有些动画在"动画"列表中没有？

A： "动画"下拉列表中只会显示一些常用的动画，如果想要设置一些特殊的动画，如字幕式、空翻式、掉落等动画，需要在"动画"下拉列表中选择"更多效果"选项，在打开的对话框中进行选择。

第 13 章

幻灯片的放映与输出

制作幻灯片的最终目的是放映幻灯片。在放映幻灯片之前，用户需要对幻灯片的放映进行一些必要的设置。例如，是放映部分内容还是放映全部内容，是手动放映还是自动放映等。此外，用户也可根据要求将幻灯片输出。本章将针对幻灯片的放映和输出操作进行简单介绍。

13.1 放映方式的设置

在放映幻灯片前，用户通常需对其放映方式进行设置，从而对幻灯片的放映更加得心应手。下面将对幻灯片的放映方式、放映类型、放映设置等功能进行介绍。

13.1.1 如何放映幻灯片

幻灯片的放映方式分为"从头开始"和"从当前幻灯片开始"两种。在"幻灯片放映"选项卡中单击"从头开始"按钮，或按【F5】键，即可从首张幻灯片开始放映，如图 13-1 所示。

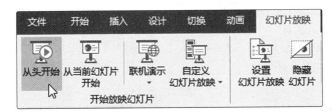

图 13-1

在"幻灯片放映"选项卡中单击"从当前幻灯片开始"按钮，或按【Shift+F5】组合键，可从当前所选幻灯片开始放映。例如选择第 5 张幻灯片，按【Shift+F5】组合键，那么系统则会从第 5 张幻灯片开始依次往后放映，如图 13-2 所示。

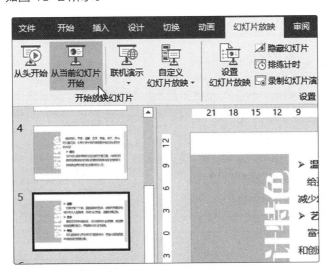

图 13-2

13.1.2 设置放映类型

幻灯片的放映类型主要包括"演讲者放映（全屏幕）""观众自行浏览（窗口）""在展台浏览（全屏幕）"3 种。

● **演讲者放映（全屏幕）：** 该类型是默认的放映类型，幻灯片以全屏的方式进行放映；放映幻灯片时，用户可通过鼠标、翻页器及键盘来控制。

● **观众自行浏览（窗口）：** 该类型是以窗口模式放映幻灯片，只允许用户对幻灯片进行简单的控制，包括切换幻灯片、上下滚动幻灯片等。

● **在展台浏览（全屏幕）：** 该类型是在无人操控的情况下自行放映幻灯片。在使用该放映类型前，用户需预先设定好每张幻灯片放映的时间。

在"幻灯片放映"选项卡的"设置"选项组中单击"设置幻灯片放映"按钮❶，在打开的"设置放映方式"对话框中，用户可对这 3 种放映类型进行切换❷，如图 13-3 所示。

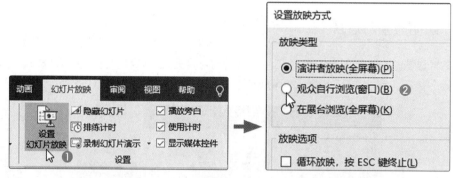

图 13-3

13.1.3 创建自定义放映

默认情况下，在放映幻灯片时，系统会按照幻灯片前后顺序依次放映所有幻灯片。如果用户只想对部分幻灯片进行放映，则可使用"自定义放映"功能来实现。

 ［实操 13-1］ 设置自定义放映方案
［实例资源］ 第 13 章＼例 13-1

 微课视频

下面将以"项目初步方案研讨 .pptx"演示文稿为例，介绍自定义放映的设置操作。

步骤 01 打开"项目初步方案研讨 .pptx"素材文件，在"幻灯片放映"选项卡中单击"自定义幻灯片放映"下拉按钮❶，在下拉列表中选择"自定义放映"选项❷，打开"自定义放映"对话框，单击"新建"按钮❸，如图 13-4 所示。

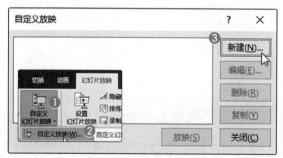

图 13-4

步骤 02 在打开的"定义自定义放映"对话框中，先指定好放映名称，然后在左侧列表框中勾选要放映的幻灯片，这里勾选第 1 张～第 5 张及第 9 张幻灯片，如图 13-5 所示。

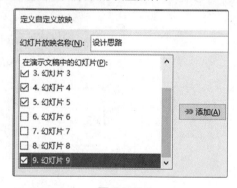

图 13-5

步骤 03 单击"添加"按钮，将勾选的幻灯片添加至右侧列表框中，然后单击"确定"按钮，如图 13-6 所示。

步骤 04 返回"自定义放映"对话框，选中刚创建的放映名称，单击"放映"按钮，即可查看设置结果，如图 13-7 所示。此时系统会依次放映所选的幻灯片，没有选择的幻灯片将不会被放映。

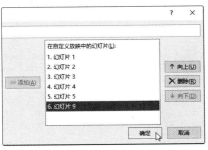

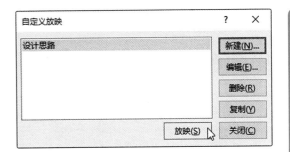

图 13-6 图 13-7

"自定义放映"和"隐藏幻灯片"这两种功能实现的效果是一样的。只不过在幻灯片数量较多的情况下，使用"自定义放映"功能较为方便快捷。而在幻灯片数量较少的情况下，使用"隐藏幻灯片"功能比较方便。

13.1.4 对放映内容进行标记

在放映过程中，如果需要对幻灯片中的一些重点内容进行标记，则可使用墨迹功能来实现。打开演示文稿，按【F5】键进入放映状态。单击屏幕左下角的 ⊘ 按钮，在打开的列表中，用户可选择笔的类型，默认为"笔"类型，选择好后，即可在幻灯片中添加标记，如图 13-8 所示。

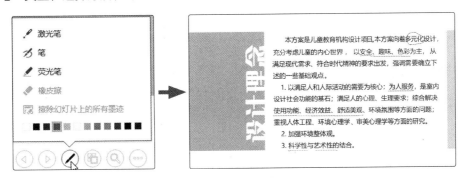

图 13-8

如果标记错误，可在列表中选择"橡皮擦"选项，然后擦除标记。

放映结束后，系统会打开提示对话框，询问是否保留幻灯片墨迹，此时用户可根据需要来选择。单击"保留"按钮后，系统会结束放映，返回普通视图界面，此时可看到幻灯片中标记的墨迹均被保留了下来，如图 13-9 所示。

图 13-9

新手提示

墨迹功能仅用于演讲者放映类型，对其他两种放映类型不可用。

13.2 放映时间的把控

如果对幻灯片的放映时间有要求，如需要在 5 分钟内放映完所有幻灯片，那么用户就可以利用"排练计时"或"录制幻灯片"功能来控制放映时间。

13.2.1 排练计时

排练计时是指为每一张幻灯片设定好放映的时间，在最终放映时，系统会根据设定好的时间自动播放幻灯片。在操作时，用户可通过"录制"窗口来进行设置，如图 13-10 所示。

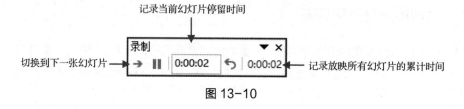

图 13-10

[**实操 13-2**] 控制好幻灯片的放映时间

[**实例资源**] 第 13 章 \ 例 13-2

下面将为"项目初步方案研讨 .pptx"演示文稿设置排练计时。

步骤 01 打开"项目初步方案研讨 .pptx"素材文件，在"幻灯片放映"选项卡的"设置"选项组中单击"排练计时"按钮，此时该文稿进入放映状态，并打开"录制"窗口，如图 13-11 所示。

图 13-11

步骤 02 当记录完当前幻灯片停留时间后，在"录制"窗口中单击"下一项"按钮，系统会自动切换到下一张幻灯片，并重新记录下一张幻灯片停留的时间。

步骤 03 按照以上方法继续设定其他幻灯片的停留时间，直到记录完最后一张幻灯片的停留时间为止。系统会弹出提示框，询问是否保留排练计时，单击"是"按钮，如图 13-12 所示。

图 13-12

步骤 04 返回普通视图界面，完成排练计时操作。单击状态栏右下角的"幻灯片浏览"视图按钮，打开该视图界面，在此可查看每张幻灯片的计时时间，如图 13-13 所示。

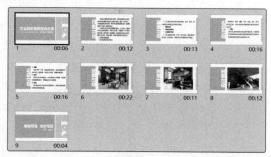

图 13-13

13.2.2 录制幻灯片演示

利用"录制幻灯片演示"功能可为幻灯片添加讲解旁白，方便在没有专人现场讲解的情况下，也能使观众快速理解幻灯片的内容。在"幻灯片放映"选项卡中单击"录制幻灯片演示"下拉按钮❶，在下拉列表中选择"从头开始录制"选项❷，打开"录制幻灯片演示"对话框，根据需要勾选相应的复选框，单击"开始录制"按钮❸，进入录制状态，如图 13-14 所示。系统会在"录制"窗口中记录旁白录制的时间，单击"下一项"按钮，可切换至下一张幻灯片；单击"暂停录制"按钮，可停止录制，如图 13-15 所示。

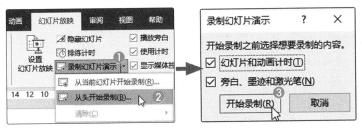

图 13-14　　　　　　　　　　　　　　图 13-15

录制完成后，系统会自动将每一页的旁白分别嵌入相应的幻灯片中，如图 13-16 所示。按【F5】键进入放映状态后，录制的旁白将自动播放。

在"录制幻灯片演示"下拉列表中选择"清除"选项，在打开的级联菜单中，用户可以根据需要清除当前幻灯片或所有幻灯片中的计时或旁白，如图 13-17 所示。

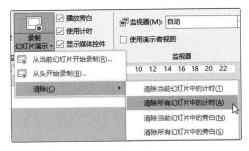

图 13-16　　　　　　　　　　　　　　图 13-17

13.3 幻灯片的输出

幻灯片制作完成后，用户可根据需要将幻灯片输出成其他格式的文件，方便在没有安装 PowerPoint 软件的计算机上也能够浏览其中的内容。

13.3.1 输出幻灯片

PowerPoint 软件可将幻灯片输出成各种类型的文件，如 PDF、视频、图片等。在"文件"菜单中选择"导出"选项，在"导出"界面中选择所需类型即可，如图 13-18 所示。

在该界面中单击"创建 PDF/XPS 文档"按钮，在"发布为 PDF 或 XPS"对话框中，选择文件保存的位置后，单击"发布"按钮，即可将其输出为 PDF 格式文件，如图 13-19 所示。

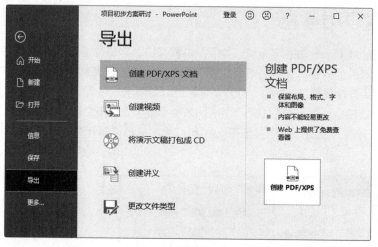

图 13-18

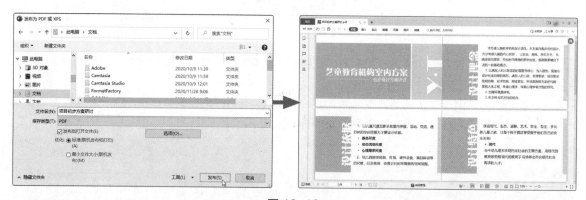

图 13-19

应用秘技

　　在"文件"菜单中选择"另存为"选项，在打开的"另存为"对话框中，将"保存类型"设置为"PowerPoint放映"，可将演示文稿的类型转换成放映类型。双击放映文件后，该演示文稿会直接以放映状态来展示。

　　在"导出"界面中单击"创建视频"按钮，在界面右侧设置"放映每张幻灯片的秒数"参数，单击"创建视频"按钮，稍等片刻即可完成视频的输出操作，如图13-20所示。

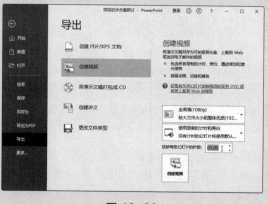

图 13-20

[实操 13-3] 将幻灯片输出为图片格式文件

[实例资源] 第 13 章 \ 例 13-3

下面将"项目初步方案研讨 .pptx"演示文稿输出为图片格式文件。

步骤 01 打开"项目初步方案研讨 .pptx"素材文件，在"文件"菜单中选择"另存为"选项，打开"另存为"对话框，设置好文件的保存路径后，单击"保存类型"下拉按钮，在下拉列表中选择所需图片格式，这里选择"JPEG 文件交换格式"选项，如图 13-21 所示。

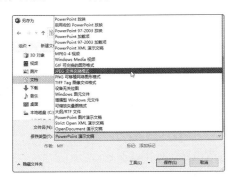

图 13-21

步骤 02 单击"保存"按钮，在弹出的提示框中，可以选择导出幻灯片的数量，这里单击"所有幻灯片"按钮，如图 13-22 所示。

图 13-22

步骤 03 在弹出的提示框中单击"确定"按钮，完成导出操作。打开导出的文件夹，可查看导出结果，如图 13-23 所示。

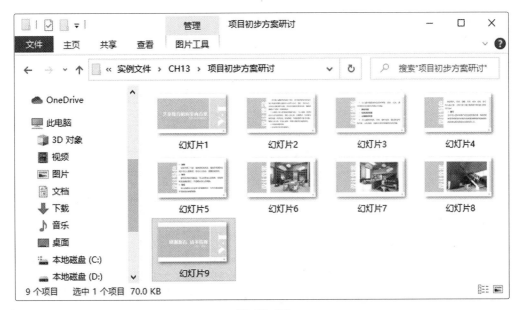

图 13-23

13.3.2 打包幻灯片

当演示文稿使用了大量的素材文件时，需要对该演示文稿进行整理并打包，以免在传输过程中遗漏素材，从而导致演示文稿无法正常放映。打开"导出"界面，利用"将演示文稿打包成 CD"功能即可打包幻灯片，如图 13-24 所示。

图 13-24

[实操 13-4] 打包"项目初步方案研讨 .pptx"演示文稿
[实例资源] 第 13 章 \ 例 13-4

微课视频

下面将以打包"项目初步方案研讨 .pptx"演示文稿为例，介绍打包幻灯片的具体操作。

步骤 01 打开"项目初步方案研讨 .pptx"素材文件，在"文件"菜单中选择"导出"选项，在"导出"界面中选择"将演示文稿打包成 CD"选项，并单击"打包成 CD"按钮，打开同名对话框，单击"复制到文件夹"按钮，如图 13-25 所示。

件保存的位置，如图 13-26 所示。

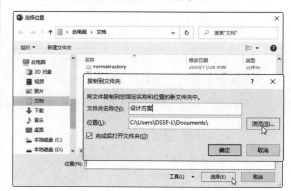

图 13-26

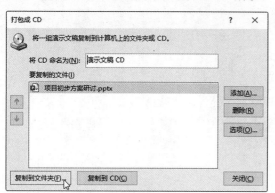

图 13-25

步骤 02 打开"复制到文件夹"对话框，在此更改"文件夹名称"，单击"浏览"按钮，设置文

步骤 03 返回"复制到文件夹"对话框，单击"确定"按钮，在弹出的提示框中单击"是"按钮，如图 13-27 所示。

步骤 04 系统将自动打开打包文件夹，在此可以看到当前演示文稿包含的所有素材文件，如图 13-28 所示。

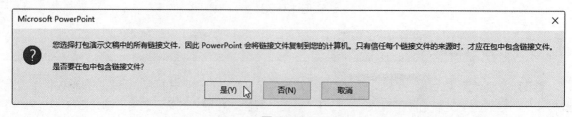

图 13-27

图 13-28

 实战演练

设置并输出旅游日记演示文稿的放映方案

微课视频

下面将综合本章所学知识点，为"旅游日记 .pptx"演示文稿设置一套放映方案，并将其输出为 PDF 格式文件。

步骤 01 打开"旅游日记 .pptx"素材文件，在"幻灯片放映"选项卡中单击"自定义幻灯片放映"下拉按钮，在下拉列表中选择"自定义放映"选项，打开同名对话框，单击"新建"按钮，如图 13-29 所示。

图 13-29

步骤 02 打开"定义自定义放映"对话框，设置好放映名称，并在左侧列表框中勾选要放映的幻灯片，单击"添加"按钮，将其添加至右侧列表框中，如图 13-30 所示。

图 13-30

步骤 03 单击"确定"按钮，返回上一对话框，单击"关闭"按钮，关闭该对话框。打开"文件"菜单，选择"导出"选项，在"导出"界面中单击"创建 PDF/XPS"按钮，如图 13-31 所示。

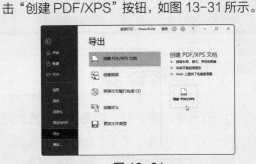

图 13-31

步骤 04 在"发布为 PDF 或 XPS"对话框中单击"选项"按钮，如图 13-32 所示。

图 13-32

207

步骤 05 在"选项"对话框中，将"范围"设置为"自定义放映"，然后单击"确定"按钮，如图 13-33 所示。

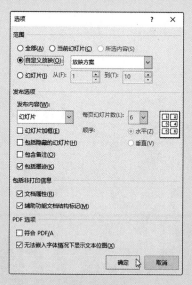

图 13-33

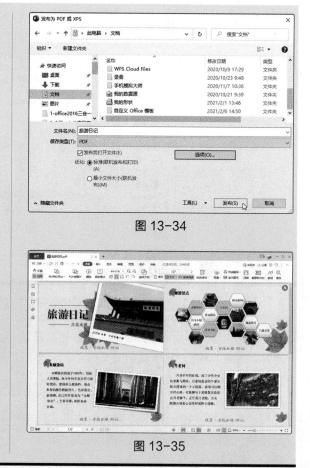

图 13-34

步骤 06 返回上一对话框，设置文件的保存路径，单击"发布"按钮，如图 13-34 所示。

步骤 07 完成放映方案的输出操作，如图 13-35 所示。

图 13-35

疑难解答

Q：在放映幻灯片时，如果不想播放动画效果，该怎么办？

A： 在"幻灯片放映"选项卡中单击"设置幻灯片放映"按钮，打开相应的对话框，在"放映选项"区域勾选"放映时不加动画"复选框，单击"确定"按钮即可，如图 13-36 所示。需要注意的是：设置后，幻灯片中的动画还是存在的，只是在放映时不播放而已。

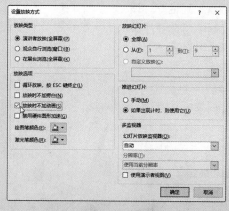

图 13-36